ISW 48

Berichte aus dem Institut für Steuerungstechnik •
der Werkzeugmaschinen und Fertigungseinrichtungen
der Universität Stuttgart

Herausgegeben von Prof. Dr.-Ing. G. Stute †

J. SCHWAGER

Diagnose steuerungsexterner Fehler an Fertigungseinrichtungen

Springer-Verlag
Berlin · Heidelberg · New York · Tokyo 1983

D 93

Mit 45 Abbildungen

ISBN-13: 978-3-540-12938-7 e-ISBN-13: 978-3-642-82160-8
DOI: 10.1007/ 978-3-642-82160-8

2362/3020-543210

Geleitwort des Herausgebers

Das Institut für Steuerungstechnik der Werkzeugmaschinen und Fertigungseinrichtungen der Universität Stuttgart befaßt sich mit den neuen Entwicklungen der Werkzeugmaschinen und anderen Fertigungseinrichtungen, die insbesondere durch den erhöhten Anteil der Steuerungstechnik an den Gesamtanlagen gekennzeichnet sind. Dabei stehen die numerisch gesteuerten Werkzeugmaschinen in Programmierung, Steuerung, Konstruktion und Arbeitseinsatz sowie die vermehrte Verwendung des Digitalrechners in Konstruktion und Fertigung im Vordergrund des Interesses.

Im Rahmen dieser Buchreihe sollen in zwangloser Folge drei bis fünf Berichte pro Jahr erscheinen, in welchen über einzelne Forschungsarbeiten berichtet wird. Vorzugsweise kommen hierbei Forschungsergebnisse, Dissertationen, Vorlesungsmanuskripte und Seminarausarbeitungen zur Veröffentlichung.

Diese Berichte sollen dem in der Praxis stehenden Ingenieur zur Weiterbildung dienen und helfen, Aufgaben auf diesem Gebiet der Steuerungstechnik zu lösen. Der Studierende kann mit diesen Berichten sein Wissen vertiefen.

Unter dem Gesichtspunkt einer schnellen und kostengünstigen Drucklegung wird auf besondere Ausstattung verzichtet und die Buchreihe im Fotodruck hergestellt.

Der Herausgeber dankt dem Springer-Verlag für Hinweise zur äußeren Gestaltung und Übernahme des Buchvertriebs.

Vorwort

Die vorliegende Arbeit entstand während meiner Tätigkeit als wissenschaftlicher Mitarbeiter am Institut für Steuerungstechnik der Werkzeugmaschinen und Fertigungseinrichtungen (ISW) der Universität Stuttgart.

Dem verstorbenen Institutsleiter, Herrn Professor Dr.-Ing. G. Stute, gilt mein Dank für seine wohlwollende Unterstützung, die in hohem Maße zu der Arbeit beigetragen hat. Ebenso danke ich Herrn Prof. Dr.-Ing. A. Storr, unter dessen kommissarischer Institutsleitung ich die Promotion vollenden konnte und dessen eingehende Durchsicht der Arbeit wertvolle Anregungen lieferte.

Herrn Prof. Dr.-Ing. H. J. Warnecke danke ich für seine Bereitschaft, den Mitbericht zu übernehmen.

Darüber hinaus möchte ich allen Mitarbeitern des Instituts danken, die durch Diskussionen und anregende Kritik zum Gelingen der Arbeit beigetragen haben. Dieser Dank gilt insbesondere den Herren Dipl.-Ing. J. Fleckenstein und Dipl.-Ing. W. Renn.

Jürgen Schwager

Inhaltsverzeichnis

Abkürzungen

BE	Bewegungselement
CNC	numerische Steuerung auf Rechnerbasis (computerized numerical control)
d-f	dynamisch falsch
DP	Diagnoseprogramm
DR	Diagnoserechner
DVR	Datenverteilrechner
E/A/M	Eingaben/Ausgaben/Merker
FAM	Fehlerauswirkungsmatrix
FE	Funktionseinheit
FG	Funktionsgruppe
GR	Geometrierechner
M	Maschine
n-a	nicht auslösbar
n-b	nicht beendbar
NC	numerische Steuerung (numerical control)
R	Rücksetzeingang
S	Setzeingang
s-a-0	ständig auf "0"
s-a-1	ständig auf "1"
SP	Steuerprogramm
SPS	speicherprogrammierbare Steuerung
TR	Technologierechner

Formelzeichen

A	Verfügbarkeit (availability)
A_j	Startbedingung für Bewegung in Richtung Geber S_j
B_{ij}	Bewegung von Geber S_i zum Geber S_j
F	Fehler
g	Zahl der gerichteten Kanten in einem Istwertgraphen
i,j,k	Zählvariablen
K_{ij}	Stellglied bzw. Ausgangssignal
MTBF	mittlerer Ausfallabstand (Mean Time Between Failures)
MTTR	mittlere Reparaturdauer (Mean Time To Repair)
n	Zählvariable
n_A	Anzahl der Prozeßausgaben
n_E	Anzahl der Prozeßeingaben
n_F	Anzahl der betrachteten Fehler
n_{FE}	Anzahl der Funktionseinheiten
R	Zuverlässigkeit (reliability)
R_i	Zuverlässigkeit des Elements i
R_S	Zuverlässigkeit des Gesamtsystems
S_i	Geber bzw. Gebersignal
T_1	maximale Zeitdauer für das Verlassen der Ausgangslage
T_2	Zeitgrenze, Beginn des fehlerfreien Intervalls
T_3	Zeitgrenze, Ende des fehlerfreien Intervalls
T_4	oberer Grenzwert der Überwachung
T_A	Ausführungszeit
$Ü_i$	Übergangsbedingung
$v(t)$	Geschwindigkeit
v	Zahl der Verbindungslinien in einem n-Eck
x_i	Lage-Istwert
x_s	Lage-Sollwert
Z_a	aktueller Zustand
Z_i	Zustandsvariable
α,β,γ	Fehlerfamilien
Δs	Positionsungenauigkeit
Δx	Schleppabstand
$\lambda(t)$	Ausfallrate

1 Einleitung

Der Fehlerdiagnose wird bei der Frage nach Verbesserungen auf dem Gebiet der Fertigungstechnik in den letzten Jahren eine zunehmende Bedeutung beigemessen. Der Grund hierfür liegt in den verstärkten Anstrengungen, eine hohe Ausnutzung der kapitalintensiven Fertigungseinrichtungen zu erreichen. Eine wesentliche Voraussetzung dafür stellt die hohe Verfügbarkeit der Anlagen dar. Sie ist von den Mittelwerten der Ausfallhäufigkeit und der Ausfalldauer abhängig /1/.

Die Ausfallhäufigkeit steht in direktem Zusammenhang mit der Zuverlässigkeit, die wiederum durch Verwendung hochwertiger Materialien und eine geringe Zahl von Elementen verbessert werden kann. Im Bereich der Elektronik wurden in dieser Richtung mit dem zunehmenden Leistungsumfang eines einzelnen Bauelements Erfolge erzielt. Dagegen kann man die Zuverlässigkeit mechanischer Komponenten von Fertigungseinrichtungen unter wirtschaftlichen Gesichtspunkten nur begrenzt steigern. Durch den im jeweiligen technologischen Prozeß gegebenen Verschleiß lassen sich Fehler nicht vollständig vermeiden. Daher hat die Verringerung der Ausfalldauer als zweite Einflußgröße auf die Verfügbarkeit einen hohen Stellenwert.

Die Ausfalldauer wird im wesentlichen von den Zeiten für die Fehlersuche und die Fehlerbehebung bestimmt. Während letztere maßgeblich durch die Wartungsfreundlichkeit der Konstruktion beeinflußt wird, ist die Fehlersuchzeit von der Sachkenntnis und Erfahrung des Servicepersonals sowie von den zur Fehlerdiagnose vorhandenen Hilfsmitteln abhängig.

Die zunehmende Komplexität der Fertigungseinrichtungen, die unter anderem durch Automatisierung der Werkzeug- und Werkstückhandhabung gekennzeichnet ist, erschwert die manuelle Fehlerdiagnose. Entsprechend ausgebildetes Personal steht nicht in ausreichendem Maße zur Verfügung. Es werden daher Hilfsmittel gefordert, die auch weniger qualifiziertem Personal, z.B. dem Maschinenbediener, ein rasches Auffinden der Fehlerursachen bei Störungen ermöglichen. Angesichts der erweiterten Möglichkeiten der Rechnertechnik bei fallenden Hardwarekosten liegt es nahe, diese Hilfsmittel unter Verwendung von Rechnern zu erstellen.

Damit ergibt sich die Notwendigkeit, die Vorgehensweise bei der Fehlerdiagnose zu systematisieren und daraus Algorithmen für die Programmierung dieser Rechner abzuleiten. Die vorliegende Arbeit soll einen Beitrag zu dieser Problemstellung liefern. Bevor die Zielsetzung genauer erlautert wird, sind zunächst die bestehenden Verfahren zur Fehlerdiagnose zu analysieren.

2 Analyse bestehender Verfahren zur Fehlerdiagnose

2.1 Definitionen

Zunächst sollen einige grundlegende Begriffe definiert werden. Außerdem wird der Bezug zu den häufig in Zusammenhang mit Fehlerdiagnose genannten Begriffen Zuverlässigkeit, Sicherheit und Verfügbarkeit hergestellt.

Fehlerdiagnose

Dieser Oberbegriff umfaßt die Maßnahmen zur

a) Fehlererkennung, d.h. das Überwachen auf Eintreten eines Fehlers,

b) Fehlerlokalisierung, d.h. das Auffinden der Fehlerursache, und zur

c) Fehleranzeige, d.h. das Mitteilen der Fehlerursache an den Bediener.

In der Literatur wird dieser Begriff nicht einheitlich verwendet. Häufig sind nur die Aufgaben a) und b) genannt /2/, teilweise bezeichnet man nur die Bestimmung der Fehlerursache als Fehlerdiagnose /3/. Auch wenn überwiegend die Anzeige der Fehlerursache nach c) betroffen ist, wird dieser Begriff verwendet /4,5/.

Diagnosesystem

Ein Diagnosesystem ist eine aus mehreren Komponenten bestehende Einrichtung, die alle oben genannten Diagnoseaufgaben a)...c) ausführt.

Fehler

Ein Fehler ist "die unzulässige Abweichung eines Merkmals" /6/, wobei unter Abweichung die Nichtübereinstimmung des Istzustands mit einem vorgegebenen Zustand verstanden wird. Die in der vorliegenden Arbeit betrachteten Fehler werden in Abschnitt 3.1.2 abgegrenzt.

Störung

Die Formulierung in der Norm "Aussetzen bzw. Beeinträchtigung einer Funktion" /6/ läßt eine klare Abgrenzung zu dem Begriff "Fehler" vermissen. In der Fertigungstechnik ist eine allgemeinere Bedeutung des Begriffs "Störung" üblich (z.B. organisatorische Störung). Für die Belange dieser Arbeit kann der Begriff synonym zu "Fehler" verwendet werden.

Zuverlässigkeit

Genormt ist eine qualitative Definition /6/ mit folgendem, vereinfacht ausgedrücktem Inhalt: Zuverlässigkeit ist die Fähigkeit einer Betrachtungseinheit, in ihren Eigenschaften den gestellten Anforderungen zu genügen. Für Zuverlässigkeitsberechnungen wird dagegen eine quantitative Definition verwendet /7/: "Ein Maß für die Zuverlässigkeit ist unter anderem die Wahrscheinlichkeit, daß ein System zufriedenstellend unter gegebenen Bedingungen für eine vorgegebene Zeitdauer arbeitet". Charakteristische Kennwerte für diese Wahrscheinlichkeit sind

- der mittlere zeitliche Abstand zwischen zwei Fehlern MTBF (Mean Time Between Failures),
- die Zahl der Fehler pro Zeiteinheit, auch als Ausfallrate $\lambda(t)$ bezeichnet.

Unter der Voraussetzung zeitlich konstanter Ausfallrate (d.h. ohne Unterscheidung von evtl. häufigeren Frühausfällen und Langzeitausfällen)

$$\lambda(t) = \lambda \tag{2.1}$$

gilt die Beziehung

$$\lambda = \frac{1}{MTBF} \tag{2.2}$$

Für die Fehlerdiagnose ist noch der folgende Zusammenhang wichtig. Die Wahrscheinlichkeit, daß ein Element während einer Zeit t nicht ausfällt, ist mit der Zuverlässigkeitsfunktion R(t) gegeben, die vom Wert 1 zum Zeitpunkt t = 0 bis zum Wert 0 für $t \rightarrow \infty$ abfällt. Unter der Voraussetzung (2.1) gilt /7/:

$$R(t) = \exp(-\lambda t) \tag{2.3}$$

Ein System aus n Elementen, bei dem der Ausfall eines Elements zum Ausfall des gesamten Systems führt, kann als Reihenschaltung der Einzelelemente interpretiert werden. Ist R_i die Zuverlassigkeit des i-ten Elements, gilt nach den Regeln der Wahrscheinlichkeitsrechnung für die Zuverlässigkeit R_S des Gesamtsystems

$$R_S = R_1 \cdot R_2 \dots R_n = \prod_{i=1}^{n} R_i \qquad (2.4)$$

Daraus kann man ableiten, daß ein System umso unzuverlässiger wird, je mehr in Reihe geschaltete Elemente es aufweist. Das Hinzufügen von Elementen zum Zweck der Fehlerdiagnose kann daher die Zuverlässigkeit eines Systems verringern. Dieser Gesichtspunkt ist bei der Konzeption von Diagnosesystemen zu beachten.

Sicherheit

Sicherheit ist die Eigenschaft eines Systems, die Umgebung, d.h. Menschen und Sachwerte, nicht zu gefährden /8/. Aus dieser Definition geht der Zusammenhang zur Fehlerdiagnose nicht unmittelbar hervor. Wie Bild 2.1 zeigt, ist dieser jedoch dadurch gegeben, daß die automatische Fehlererkennung als Teil der Fehlerdiagnose auch zur Sicherheit eines Systems beiträgt.

Verfügbarkeit

Als Verfügbarkeit wird die Wahrscheinlichkeit bezeichnet, ein System zu einem vorgegebenen Zeitpunkt in einem funktionfähigen Zustand anzutreffen. Unter hier nicht näher betrachteten Voraussetzungen gilt als Maß für die Verfügbarkeit A /7/:

$$A = \frac{MTBF}{MTBF + MTTR} \qquad (2.5)$$

MTTR...mittlere Reparaturdauer
(Mean Time To Repair)

Wie bereits in der Einleitung erwähnt, wird mit der Fehlerdiagnose das Ziel verfolgt, über einen kleinen Wert von MTTR eine hohe Verfügbarkeit zu erreichen (vgl. Bild 2.1).

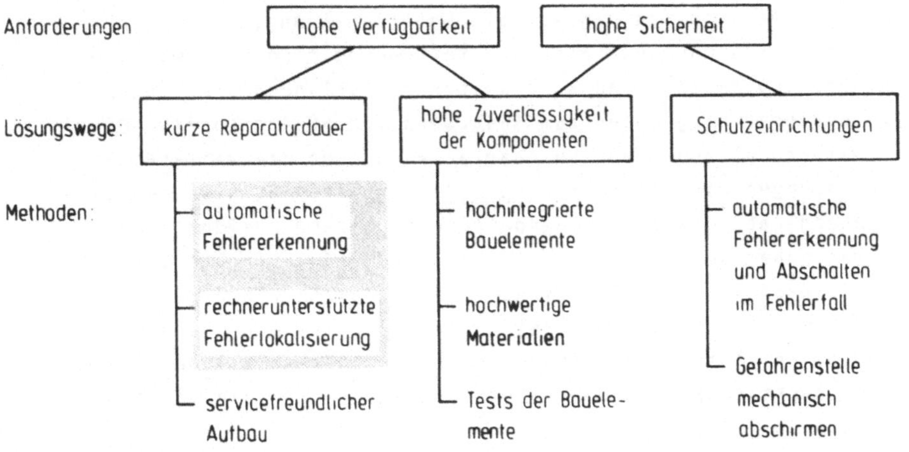

Bild 2.1: Möglichkeiten zur Erhöhung der Verfügbarkeit und der Sicherheit

2.2 Fehlerdiagnose an Fertigungseinrichtungen

2.2.1 Betrachtete Einrichtungen

Besonders leistungsfähige Hilfsmittel zur Fehlerdiagnose sind bei Fertigungseinrichtungen anzutreffen, die sich durch hohe Komplexität auszeichnen. Dies trifft insbesondere für Bearbeitungszentren, verkettete Einzelmaschinen und Transferstraßen zu, deshalb sollen diese Anlagen betrachtet werden. Ihre Steuerung erfolgt überwiegend mit speicherprogrammierbaren Steuerungen (SPS) bzw. mit numerischen Steuerungen (CNC, computerized numerical control). Bei den Diagnosesystemen ist zu unterscheiden, ob sie die Steuerung betreffen (interne Diagnosesysteme) oder ob die steuerungsexternen Elemente - wie Kabel, Signalglieder, Stellglieder und Maschinenbaugruppen - zu diagnostizieren sind /9/.

Weniger wichtig ist dagegen die Unterscheidung, ob als Steuergerät eine CNC oder eine SPS Verwendung findet, zumal die Abgrenzung durch technische Weiterentwicklungen (SPS in CNC integriert, Baugruppen zum Ansteuern von NC-Achsen als SPS-Erweiterung) zunehmend unschärfer wird. Für die weiteren Betrachtungen wird deshalb Bild 2.2 zugrundegelegt, in dem das Steuergerät, das die Steuerdatenverarbeitung ausführt, bewußt nicht näher spezifiziert ist. Entsprechend der heute üblichen Gerätetechnik wird allerdings vorausgesetzt, daß die Verarbeitung weitgehend auf der Basis eines oder mehrerer Rechner erfolgt. Bei numerischen Steuerungen wird der Anteil der Steuerungsfunktionen, die durch Software realisiert sind, mit 80% angegeben /10/.

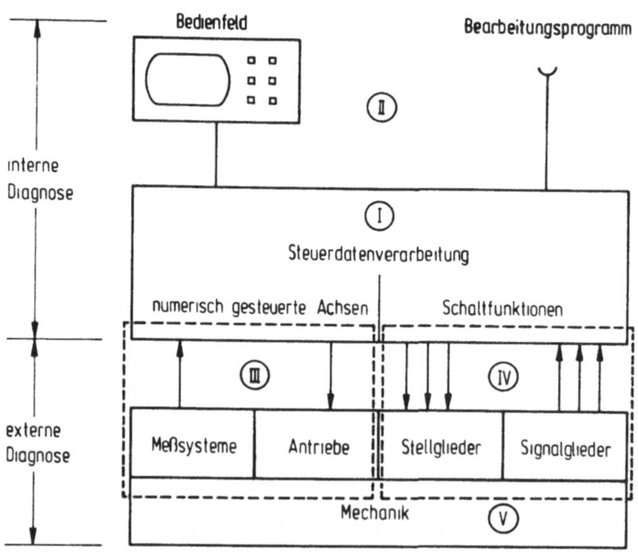

Bild 2.2: Aus Sicht der Steuerung unterscheidbare Diagnosebereiche an Fertigungseinrichtungen.

2.2.2 Diagnose steuerungsinterner Fehler

Aufgrund obiger Voraussetzung ist es zur Fehlererkennung des größten Teils der internen Steuerdatenverarbeitung (Bereich I in Bild 2.2) ausreichend, das ordnungsgemäße Arbeiten des oder der internen Rechner zu überwachen. Dazu werden folgende Methoden angewandt /10,11,12/:

- Überprüfen des Programmspeichers des internen Rechners. Beim Einschalten der Steuerung addiert der Rechner die Inhalte aller Speicherzellen und vergleicht die Summe mit einem hinterlegten Sollwert.
- Kontrolle des Datenaustauschs. Neben einer Paritätsprüfung aller aus Speichern gelesenen Daten werden Datentransfers zwischen Steuerungskarten nach dem Quittierungsprinzip durchgeführt. Das heißt, der Empfänger einer Meldung schickt dem Sender eine Quittierung "Daten erhalten" zurück. Das Ausbleiben einer Quittierung bewirkt ein kontrolliertes Abschalten der Maschinenbewegungen und eine Fehleranzeige.
- Überprüfen, ob der Prozessor des internen Rechners läuft. In vorgeschriebenen Zeitintervallen (z.B. 4ms) müssen bestimmte Speicherzellen angesprochen werden. Das Überschreiten dieser Zeit führt ebenfalls zum Stillsetzen der Maschine (watchdog timer).
- Überwachen der Versorgungsspannungen und der Schranktemperatur auf vorgegebene Wertebereiche.

Der zweite Diagnosebereich (II in Bild 2.2) ist die Dateneingabe, worunter die Schnittstellen zum Lochstreifenleser oder zu einem übergeordneten Rechner, die Handbedienung und die manuelle Eingabe von Bearbeitungsprogrammen zu verstehen sind. Auch in diesem Bereich werden ständig Überwachungen durchgeführt /10,13/:

- Paritätsprüfungen. Zusätzlich zur Kontrolle, ob die Lochanzahl pro Zeichen auf dem Lochstreifen des Bearbeitungsprogramms wie vorgeschrieben gerade bzw. ungerade ist ("Zeichenparität"), erfolgt eine Überprüfung der Anzahl der Zeichen eines Satzes auf gerade bzw. ungerade ("Satzparität").

Selbstverständlich muß diese Forderung bei der Programmerstellung durch eventuelles Einfügen von Leerzeichen berücksichtigt werden. Dieser Aufwand findet seine Rechtfertigung darin, daß falsch gelesene Sätze in ungünstigen Fällen zu einer Gefährdung von Mensch und Maschine führen können.

- Plausibilitätsprüfungen der Bedieneingaben. Z.B. ignorieren eines Startbefehls, wenn vorher die Referenzpunkte der Maschine nicht angefahren wurden.
- Plausibilitätsprüfungen der Bearbeitungsprogramme. Eingegebene Parameter müssen zulässig und widerspruchsfrei sein, z.B. muß ein programmierter Kreisendpunkt auf dem eingegebenen Radius liegen.

Die übrigen Diagnosebereiche (Bild 2.2) liegen außerhalb der Steuerung. Auf sie wird im Abschnitt 2.2.3 eingegangen.

Betrachtet man die Realisierungen der Diagnosehilfsmittel für die interne Diagnose, lassen sich drei Arten unterscheiden:

a) Die Diagnoseeinrichtung besteht aus einem Hardware- oder Softwarebaustein, der fest in die Steuerung integriert ist. Diese Realisierungsart wird zur Fehlererkennung, die ständig aktiv sein muß, eingesetzt. Beispiel: watchdog timer (s.o.).
b) Die Diagnoseeinrichtung wird erst im Fehlerfall mit der Steuerung verbunden und aktiviert. Diese sogenannten "nicht-residenten Diagnosen" /12/ bestehen entweder aus nachladbaren Programmen für den Steuerungsrechner (z.B. Speichertestprogramme) oder aus zusteckbaren Zusatzkarten. Mit letzteren lassen sich auch solche Komponenten testen, deren Funktion Voraussetzung für eine der obengenannten Prüfungen ist /10/, z.B. Steuerungsrechner. Diese Hilfsmittel dienen zur Fehlerlokalisierung nach erkanntem Fehler.
c) Eine besondere Art der Realisierung eines Systems zur Fehlerlokalisierung ist die Ferndiagnose, auch Telefondiagnose genannt. Dabei werden die interessierenden Meßgrößen digital über Telefonleitungen zu einem zentralen Diagnoserechner übertragen, der weit entfernt, z.B. beim Maschinenherstel-

ler, steht und dort auswertet. Eine entsprechende Anschlußeinheit in der Steuerung ermöglicht den Zugriff auf analoge Signale und Systemprogramme der Steuerung /14/.

2.2.3 Diagnose steuerungsexterner Fehler

Wie in Bild 2.2 dargestellt, erstreckt sich der Bereich der steuerungsexternen Fehler von den Ein-/Ausgaben der Steuerung über die Verbindungskabel zu den Stell- und Signalgliedern an der Maschine und schließt auch die mechanischen Komponenten der Maschine ein. Bezüglich der Diagnose werden drei steuerungsexterne Bereiche unterschieden (Bild 2.2):

- Bereich III: Einrichtungen zum Ausführen numerisch gesteuerter Bewegungen.
- Bereich IV: Einrichtungen zum Ausführen von Schaltfunktionen.
- Bereich V: Übrige mechanische Komponenten der Maschine.

Die numerisch gesteuerten Bewegungen im Bereich III werden mit Hilfe von Lageregelkreisen realisiert, die zum Teil dem steuerungsinternen und teilweise dem steuerungsexternen Bereich zuzuordnen sind. Aus dem Aufbau als Regelkreis ergibt sich, daß sich eine große Anzahl steuerungsexterner Fehler auf die innerhalb der Steuerung vorliegende Differenz zwischen Lage-Istwert und Lage-Sollwert, den sog. Schleppabstand, auswirkt. In Bild 2.3 sind entsprechende Beispiele mit einem nach /15/ dargestellten Lageregelkreis aufgeführt.

Die Erkennung dieser Fehler laßt sich folglich in der Steuerung mittels einer "Schleppabstandsüberwachung" durchführen. Dabei wird kontrolliert, ob der Schleppabstand Δx die durch die momentane Verfahrgeschwindigkeit und die Parameter des Regelkreises gegebene Größe hat. Erfolgt diese Überwachung in mehreren Achsen gleichzeitig, wird sie auch als "Bahnüberwachung" oder "Konturüberwachung" bezeichnet /10/.

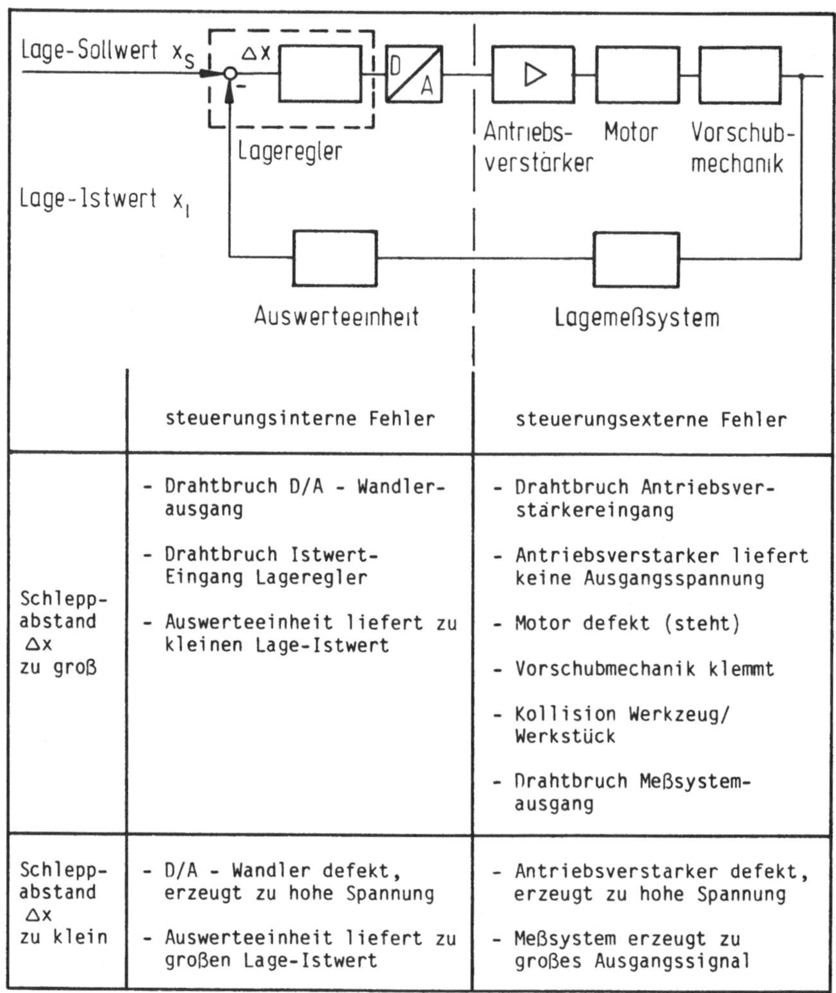

	steuerungsinterne Fehler	steuerungsexterne Fehler
Schlepp-abstand Δx zu groß	- Drahtbruch D/A - Wandler-ausgang - Drahtbruch Istwert-Eingang Lageregler - Auswerteeinheit liefert zu kleinen Lage-Istwert	- Drahtbruch Antriebsver-stärkereingang - Antriebsverstarker liefert keine Ausgangsspannung - Motor defekt (steht) - Vorschubmechanik klemmt - Kollision Werkzeug/Werkstück - Drahtbruch Meßsystem-ausgang
Schlepp-abstand Δx zu klein	- D/A - Wandler defekt, erzeugt zu hohe Spannung - Auswerteeinheit liefert zu großen Lage-Istwert	- Antriebsverstarker defekt, erzeugt zu hohe Spannung - Meßsystem erzeugt zu großes Ausgangssignal

Bild 2.3: Beispiele erkennbarer Fehler bei Schleppabstandsüberwachung

Der Maschinenanwender stellt die Forderung, daß die Überwachung möglichst schnell ansprechen soll, damit sich im Fehlerfall nur geringe Maßabweichungen am Werkstück ergeben. Dem steht jedoch entgegen, daß auch im fehlerfreien Fall große Schleppabstandsschwankungen möglich sind. Dieses Thema stellt einen eigenen Problemkreis dar, dessen Behandlung über den Rahmen dieser Arbeit hinausgeht. Festzuhalten ist, daß mit einer Schleppabstandsüberwachung die steuerungsexternen Komponenten im Bereich III, wie Bild 2.3 verdeutlicht, überwacht werden können.

Dagegen soll der Diagnosebereich IV, der die Einrichtungen zum Ausführen von Schaltfunktionen umfaßt, genauer betrachtet werden. Dabei sind zwei Teilprobleme, die Algorithmen für die Fehlerdiagnose und die gerätetechnischen Realisierungen, zu unterscheiden. Beide treten sowohl bei NC-gesteuerten Bearbeitungszentren als auch bei Transferstraßen auf.

In beiden Anwendungsfällen werden folgende Algorithmen eingesetzt:

Paarüberwachung /13,16/
Zwei Geber, z.B. die Grenztaster S_1 und S_2, die aufgrund der mechanischen Anordnung niemals gleichzeitig betatigt sein können, werden zyklisch abgefragt, ob beide das Signal "betätigt" melden, zum Beispiel

$$F_{12} = S_1 \wedge S_2.$$

Im Fehlerfall ($F_{12} = 1$) wird eine diesem Geberpaar zugeordnete Lampe gesetzt oder eine Fehlernummer ausgegeben.

Damit wird nur der Sonderfall eines standig "betatigt" meldenden Gebersignals erfaßt. Es erfolgt weder die Fehlererkennung aller möglichen Geberfehler noch eine Fehlerlokalisierung (d.h. Bestimmung, welcher von beiden Gebern defekt ist). Lösungen hierfür werden in Kapitel 4 erarbeitet.

Zeitüberwachung /16,17,18/
Es wird überwacht, ob eine vorgegebene Ausführungszeit für ei-

ne Aktion überschritten wird. Dazu wird bei ihrem Beginn ein Zeitzähler gestartet. Läuft die Zeit ab, ohne daß die Aktion beendet wurde, liegt ein Fehler vor. Im fehlerfreien Fall wird beim Beenden der Aktion der Zeitzahler zurückgesetzt. Aufwand und Genauigkeit der Fehlerlokalisierung hängen davon ab, ob als Aktion jede einzelne Bewegung der Anlage betrachtet wird, oder ob mehrere Bewegungen zu einem Ablauf zusammengefaßt werden. Bei Transferstraßen unterscheidet man folgende Ausbaustufen /17/:

a) Zeitüberwachung jeder Bewegung.
b) Taktzeitüberwachung von Baugruppen (z.B. Bearbeitungseinheit, Spannstation).
c) Überwachung der Gesamttaktzeit und der gesamten Nebenzeiten.

Als mögliche Fehlerursachen kommen alle an der Aktion beteiligten Bauelemente in Frage, deren Anzahl bei der aufwendigsten Ausbaustufe a) am kleinsten ist. Eine systematische Darstellung der mit Zeitüberwachung erkennbaren oder lokalisierbaren Fehler ist nicht bekannt.

Die Messung und Auswertung der Taktzeit automatischer Fertigungseinrichtungen kann über die Erkennung zufälliger Fehler hinaus für weitere Aufgaben angewendet werden, die in /19/ und /20/ anhand praktischer Beispiele dargestellt sind. Das Ziel dieser sog. "Taktzeitanalyse" ist, das wirtschaftliche Betreiben von Maschinen durch eine laufende Maschinenzustandserfassung, d.h. unabhängig von Fehlern, zu erreichen. Die Erfassung der Taktzeit über einen längeren Zeitraum und die statistische Auswertung der Messungen ermöglicht das Erkennen von Schwachstellen und ein zeitliches Optimieren der Fertigungseinrichtungen. Dies geht jedoch über das Thema dieser Arbeit hinaus.

Auswertung von Schutzeinrichtungen /13,16/

Hier wird lediglich eine Zuordnung vorgenommen zwischen dem Signal einer Schutzeinrichtung (z.B. Motorschutzschalter,

Druckwächter, Endlagenbegrenzung) und der Ausgabe einer Fehlermeldung an das Bedienpersonal. Es ist üblich geworden, auch diesen Trivialfall als Fehlerdiagnose zu bezeichnen /21/.

Hinsichtlich des gerätetechnischen Aufbaus lassen sich bei Verwendung speicherprogrammierbarer Steuerungen (SPS) drei Stufen unterscheiden (Bild 2.4). Nicht betrachtet werden Lösungen auf Basis verbindungsprogrammierter Steuerungen, da hierbei eine Fehlerdiagnose aus Kostengründen nur in geringem Umfang realisierbar ist.

Die konventionelle Lösung besteht aus einem Bedienfeld mit Kontrolleuchten (Stufe 1) zur Anzeige von Betriebszuständen und Fehlermeldungen, das von der SPS angesteuert wird /18/, /22/. Eine weitreichende Aufschlüsselung verschiedener Fehler erfolgt bei dieser Lösung nicht. Die hohen Kosten für Ausgaben an der Steuerung, Verkabelung und die Bedientafel selbst sprechen gegen eine derartige detaillierte Fehleranzeige.

Dieser Aufwand wird bei Stufe 2 durch Verwendung eines numerischen oder alphanumerischen Anzeigenfelds zur Ausgabe codierter Fehlermeldungen verringert. Allerdings erfordern die Diagnoseprogramme bei Anwendung der oben genannten Algorithmen einen erheblichen Anteil des SPS-Programmspeichers. Er betragt nach eigenen Untersuchungen, die sich mit industriellen Erfahrungswerten decken, ca. 70...100% des Speicherplatzes für das Steuerprogramm. Es ist üblich, daß das Diagnoseprogramm nicht wie im Bild dargestellt klar getrennt vom Steuerungsprogramm implementiert wird, sondern auf die Programmteile für die einzelnen Funktionseinheiten der Anlage verteilt wird. Durch diese "Diagnosezusatze" sinkt zwar die Übersichtlichkeit des Steuerprogramms, jedoch bleibt das Gesamtprogramm nach Funktionseinheiten gegliedert. Stufe 2 ist bei Transferstraßen weit verbreitet /18,22/.

Die begrenzten Möglichkeiten von SPS zur Speicherung, Verarbeitung und Ausgabe umfangreicher Texte für Fehlermeldungen

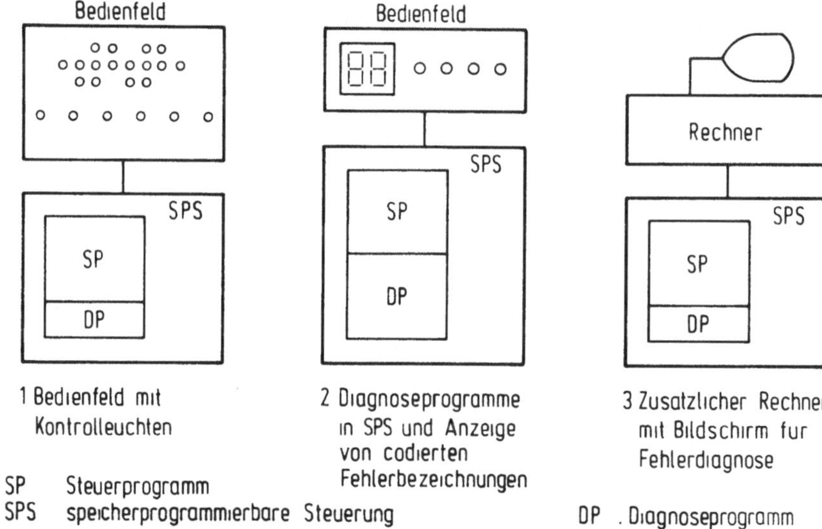

Bild 2.4: Ausbaustufen von Diagnoseeinrichtungen an SPS-gesteuerten Anlagen.

werden in zunehmendem Maße durch Verwendung eines zusätzlichen Rechners für die Fehlerdiagnose ausgeglichen. Diese in Bild 2.4 als Stufe 3 bezeichnete Lösung ermöglicht, Texte und grafische Darstellungen auf einem Bildschirm auszugeben /4, 22,23/. Das Diagnoseprogramm kann teilweise von der SPS in den Rechner verlagert werden, was die oben angesprochenen Probleme verringert. Allerdings muß der Maschinenhersteller auf diese Weise Programme in zwei verschiedenen Sprachen entwickeln. Er fordert daher ein zugeschnittenes Programmiersystem für den Rechner, das man nur mit anwendungsspezifischen Parametern versorgen muß /23/. Die in /4/ und /5/ beschriebenen Systeme auf Basis eines Mikrorechners erfüllen diese Forderung, allerdings unterstützen sie überwiegend die Fehleranzeige und nur in geringem Maße die Fehlererkennung und -lokalisierung.

Es bietet sich an, einen mit der Steuerung gekoppelten Rechner neben der Fehlerdiagnose für weitere Aufgaben der Datenauswertung einzusetzen. Man kann mit ihm die an der Steuerung verfügbaren Zustandsdaten wie Zeitwerte (Taktzeiten, Reststandzeiten von Werkzeugen usw.) oder Zahlerstande sammeln und statistisch auswerten. Beispiele für derartige Aufgaben sind in /24/ dargestellt. An einer Montagelinie werden Betriebszustände (z.B. Not-Aus, Betriebsart Automatik), Stückzahlen und Fehlerursachen erfaßt, über einen längeren Zeitraum ausgewertet und auf einem Drucker protokolliert. Allerdings wird hier anstelle des Rechners eine SPS mit Zusatz zur Wortverarbeitung eingesetzt, die mit einer verbindungsprogrammierten Steuerung gekoppelt ist.

Einen seltenen Sonderfall von Stufe 3 stellt die Verwendung eines zentralen Rechners für mehrere programmierbare Steuerungen dar. In /25/ übernehmen zwei sog. "Kopfrechner" die Diagnoseaufgaben für 10 programmierbare Steuerungen an einer Transferstraße.

Während die Stufen 1 und 2 sowohl bei Transferstraßen als auch bei NC-gesteuerten Bearbeitungszentren anzutreffen sind, ermöglichen neuere CNC-Steuerungen eine besondere Lösung für Stufe 3 bei Bearbeitungszentren: Anstelle eines zusätzlichen Rechners zur Ansteuerung eines Bildschirms wird der in der Steuerung vorhandene Rechner und der Bildschirm des CNC-Bedienfelds verwendet. Über sog. "Fensterfunktionen" kann vom SPS-Programm aus auf das Bedienfeld zugegriffen werden /26/. Allerdings scheitert eine Anzeige aller erkannter Fehler im Klartext häufig an dem in der SPS verfügbaren Speicherplatz.

Der Diagnosebereich V an spanenden Werkzeugmaschinen umfaßt die mechanischen Komponenten, die durch die Bereiche III und IV nicht abgedeckt sind. Er beinhaltet damit das Erkennen und Lokalisieren der Fehler, die weder Auswirkungen auf die numerisch gesteuerten Vorschubachsen noch auf die Schaltfunktionen haben. Das sind die Fehler, die unmittelbar mit dem Zerspanprozeß zusammenhängen oder sich anderweitig auf die Qualität der bearbeiteten Werkstücke auswirken, wie z.B. Maschinenverlagerungen. Dieser Bereich ist dadurch gekennzeichnet, daß zur Fehlererkennung zusätzliche, d.h. zur Steuerung nicht erforderliche, häufig analoge Meßgrößen erfaßt werden müssen. Beispiele hierfür sind:

- Messung des Spindeldrehmoments /27/, des Arbeitsgeräusches /28/ oder der Spindellagerverformung /29/.
- Kontrolle des Bearbeitungsergebnisses über Meßtaster /30/ oder Photodiodenarrays /28/.

Der Diagnosebereich V ist in /2/ unter Einschluß des Bereichs IV dargestellt, wobei die Diagnose auf eine Auswertung von Symptomen zurückgeführt wird. Als Symptom ist die Auswirkung eines Defekts definiert, die man durch Vergleich des Istverhaltens einer Fertigungseinrichtung mit dem durch ein Modell beschriebenen Sollverhalten feststellen kann. Als Modelle werden ein Funktionsmodell, ein Parametermodell und ein Flußmodell angegeben. Während die Diagnose mit Hilfe des Parametermodells und des Flußmodells nur mit der aufwendigen Messung von Prozeßparametern (z.B. Reibkräften) und deren Auswertung in einem Prozeßrechner möglich ist, kann das Funktionsmodell zur Bestimmung der zu erfassenden Signale bei Zeitüberwachung verwendet werden. Zur Zeitüberwachung wird jedoch nicht das Funktionsmodell, sondern nur die simultane Abfrage mehrerer aus der Steuerung abgeleiteter binarer Signale in einem Prozeßrechner verwirklicht. Die kostengünstigere Lösung der Zeitüberwachung innerhalb speicherprogrammierbarer Steuerungen wird nicht betrachtet.

2.3 Bewertung der bestehenden Verfahren und Zielsetzung der Arbeit

Für eine Verbesserung der Verfahren zur Diagnose steuerungsinterner Fehler besteht keine dringende Notwendigkeit. Der Anteil von Bauelementefehlern, d.h. Fehlern im Bereich I und II, beträgt bei numerisch gesteuerten Werkzeugmaschinen nach Angaben eines Steuerungsherstellers nur 8% der auftretenden Störungen /10/. Auch bei SPS-gesteuerten Anlagen der Automobilindustrie wird der Anteil der steuerungsinternen Fehler nur mit 5% angegeben /31,22/. Diese günstigen Werte sind unter anderem darauf zurückzuführen, daß mit zunehmender Integrationsdichte der elektronischen Bauelemente eine hohe Zuverlässigkeit der Steuerungen erzielt werden konnte.

Anders liegen die Verhältnisse bei der Diagnose steuerungsexterner Fehler. Infolge der durch den Bearbeitungsprozeß gegebenen ungünstigen Umgebungsbedingungen lassen sich hier, wie erwähnt, unter Beachtung wirtschaftlicher Gesichtspunkte Fehler nicht vermeiden. Um ihre Auswirkung gering zu halten, sind leistungsfähige Hilfsmittel zur Fehlerdiagnose erforderlich. Für den Diagnosebereich III stehen in numerischen Steuerungen ausreichende Diagnoseeinrichtungen zur Verfügung. Im Bereich V besteht trotz vieler Lösungsansätze ein Bedarf an praxisgerechten Überwachungssensoren für eine Fertigung in personalverdünnten Schichten. Dies stellt jedoch einen eigenen Problemkreis dar, für den insbesondere Arbeiten auf dem Gebiet der Meßtechnik erforderlich sind und der hier nicht weiter behandelt wird.

Damit bleibt der Diagnosebereich IV, der die Schaltfunktionen beinhaltet, Gegenstand der Betrachtung. Die Fehlerdiagnose ist hier aus folgenden Gründen besonders wichtig:

- Die an der Ausführung von Schaltfunktionen beteiligten Bauelemente wie Kabel, Ventile, Grenztaster und die Mechanik sind besonders fehleranfallig, da sie sich haufig im Arbeitsraum der Maschine befinden und somit verstärkt mechanischen Beanspruchungen durch Späne, Kühlmittel usw. ausgesetzt sind.
- Bei Anlagen mit einer großen Zahl von Schaltfunktionen besteht infolge des meist hohen Anlagenwertes eine besondere Notwendigkeit für eine leistungsfähige Fehlerdiagnose.

- Wenn die Schaltfunktionen von SPS oder Mikrorechnern gesteuert werden, ist eine Fehlersuche ohne Diagnosehilfsmittel nur mit hochqualifiziertem Personal möglich, das alle Einzelheiten des Steuerungsprogramms genau kennt.

In den letzten Jahren sind daher, insbesondere aufgrund von Forderungen der Automobilindustrie, aufwendige Diagnosesysteme entwickelt worden. Diese Lösungen sind jedoch immer auf spezielle Anlagen, meist Transferstraßen, zugeschnitten. Für jede neu zu entwickelnde Fertigungseinrichtung ist das Bereitstellen der Diagnoseprogramme für den Maschinenhersteller mit erheblichem Aufwand verbunden /32/. Dieser ist besonders dann schwerwiegend, wenn, wie bei Sondermaschinen, die Softwarekosten nicht auf eine größere Stückzahl verteilbar sind.

Es besteht daher die Notwendigkeit, Hilfsmittel zur Erstellung von Diagnoseprogrammen zu erarbeiten. Dies kann einerseits in Form einer allgemeingültigen Theorie zur Bestimmung der Fehlerfälle und ihrer Diagnose geschehen, andererseits können Standard-Programmbausteine zur Diagnose bereitgestellt werden. Das Fernziel schließlich ist, aus einer geeigneten Beschreibung des Steuerungsproblems sowohl Steuerprogramm als auch Diagnoseprogramm rechnerunterstützt zu generieren. Die Zielsetzung der vorliegenden Arbeit besteht darin, die theoretischen Grundlagen zur Erstellung von Diagnoseprogrammen für steuerungsexterne Fehler bei Schaltfunktionen allgemeingültig darzustellen und damit einen Beitrag zur Losung der oben angesprochenen Problematik zu leisten.

3 Klassifizierung der Fehlerfälle

3.1 Voraussetzungen

3.1.1 Abgrenzung der betrachteten Fertigungseinrichtungen

In der vorliegenden Arbeit soll die Fehlerdiagnose an Fertigungseinrichtungen betrachtet werden, bei denen Schaltfunktionen einen wesentlichen Bestandteil darstellen. Letztere sind gekennzeichnet durch eine Aktion, die über Ein-/Ausschaltbefehle ausgelöst wird und deren Beendigung über Geber zurückgemeldet wird. Beispiele für Schaltfunktionen sind "Spindel ein", "Werkzeug greifen" oder "Transportstange vor". Im Normalfall ist die zur Steuerung erforderliche Informationsverarbeitung rein binär. In Sonderfällen kann jedoch auch eine Wortverarbeitung hinzukommen, z.B. Lesen von Palettencodierungen in einem Transportsystem. Nicht betrachtet werden numerisch gesteuerte Vorschubeinheiten, bei denen nicht einzelne Aktionen sondern kontinuierliche Bewegungen zu erzeugen sind.

Ein Beispiel für derartige Fertigungseinrichtungen stellen Transferstraßen für die Großserienfertigung dar, bei denen auch die Vorschubbewegungen als Schaltfunktionen ausgeführt sind. Jedoch fallen auch NC-Maschinen unter diese Definition, wenn sie z.B. über einen automatischen Werkzeugwechsel oder eine Zuführeinrichtung für Werkstücke oder Werkzeuge verfügen. Neben den Bearbeitungsmaschinen sind als Diagnoseobjekte auch automatische Transporteinrichtungen für Werkzeuge und Werkstücke zu nennen, die ebenfalls viele Schaltfunktionen aufweisen und in verketteten Fertigungssystemen die Verfügbarkeit des Systems wesentlich bestimmen.

Für die theoretischen Untersuchungen werden bezüglich der Steuerung dieser Fertigungseinrichtungen keine Einschränkungen gemacht, da die Fehler steuerungsexterner Elemente zu betrachten sind. Es kann sich also um verbindungsprogrammierte Steuerungen auf der Basis von Relais oder elektronischen Schaltkreisen, um speicherprogrammierbare Steuerungen oder Mikrorechner handeln. Für die realisierungsbezogenen Abschnitte der Arbeit werden jedoch verbindungsprogrammierte Steuerungen aus Kostengründen ausgeschlossen.

Unabhängig von den jeweiligen speziellen maschinenbaulichen Gegebenheiten soll in diesem Kapitel versucht werden, eine allgemeingültige Systematik für die in der Praxis häufig vorkommenden Fehler aufzustellen. Dazu sind zunächst die betrachteten Fehler abzugrenzen.

3.1.2 Fehlerabgrenzung

Aus den im Abschnitt 2.3 genannten Gründen sollen in dieser Arbeit nur die steuerungsexternen Fehler bei der Abarbeitung von Schaltfunktionen behandelt werden, d.h. die im Bereich IV von Bild 2.2 liegenden Fehler, der in Bild 3.1 ausführlich

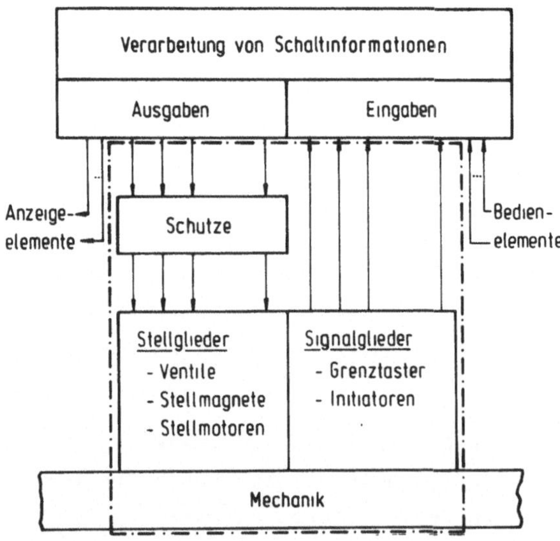

Bild 3.1: Betrachteter Bereich steuerungsexterner Fehler

dargestellt ist. Für eine systematische Behandlung der Fehlerfälle und Diagnoseverfahren sollen folgende Voraussetzungen getroffen werden:

Voraussetzung 1
Die Steuerung ist hard- und softwaremäßig fehlerfrei einschließlich der Leitungen zum Bedienfeld, dessen Elementen sowie der Schnittstellen zu eventuell gekoppelten Rechnern oder Steuerungen.

Voraussetzung 2
Es werden nur permanente, nicht dagegen sporadische Fehler betrachtet.

Sporadische Fehler, die nicht reproduzierbar sind, entziehen sich der hier erarbeiteten Methodik. Schlechte Kontaktgabe oder Drahtbrüche mit bestehender elektrischer Verbindung können z.B. Ursache für derartige Fehler sein. In diesen Fällen sind Meßgeräte mit Speichereigenschaften (z.B. Logikanalysatoren) zur Fehlersuche einzusetzen.

Voraussetzung 3
Die zu diagnostizierende Einheit enthält nur einen Fehler.

Der Ausschluß von Mehrfachfehlern ist erforderlich, da die Signalzustände der restlichen (damit fehlerfreien) Peripherieelemente zur Diagnose herangezogen werden. Die Behandlung von Mehrfachfehlern würde die Diagnose unnötigerweise erschweren. Der Aufwand stünde in keinem Verhältnis zu den Anforderungen der Praxis.

3.2 Steuerungsexterne Fehler bei der Abarbeitung von Schaltfunktionen

Um allgemeingültige Aussagen zur Fehlerdiagnose machen zu können, muß man zwei Probleme bewältigen. Die große Vielfalt der in der Praxis auftretenden Fehler muß auf ein überschaubares Maß an charakteristischen Fehlerfallen reduziert werden. Außerdem ist die Verschiedenartigkeit der Schaltfunktionen, sowohl mechanisch als auch steuerungstechnisch zu berücksichtigen.

Entsprechend Bild 3.1 kann man eine grobe Einteilung der Fehler nach dem Ort ihrer Entstehung vornehmen. Aus der Sicht der Steuerung gibt es zwar nur falsche Eingabesignale und eine Fälschung der Ausgabesignale, die Ursache für beides kann jedoch in der dritten Kategorie, der fehlerhaften Mechanik, liegen. Diese drei Fälle sind in Tabelle 3.1 unterschieden, wobei hier und im folgenden zur Vereinfachung anstelle von "Signalglied" der Begriff "Geber" verwendet wird. Innerhalb dieser drei Kategorien werden verschiedene Fehlerursachen als äquivalent bezeichnet, wenn sie zu einem gleichartigen Signalzustand an den Ein-/Ausgaben der Steuerung führen. Dieses Kriterium wurde deshalb gewählt, weil sich diese Fehler ohne zusätzliche Hardware automatisch nicht weiter unterscheiden lassen. Ob zum Beispiel das standige Anliegen eines Gebersignals auf eine Überbrückung im Geber oder einen Kurzschluß in der Zuleitung zurückzuführen ist, muß unter dieser Voraussetzung manuell differenziert werden. Äquivalente Fehlerursachen bilden Fehlerarten, die in Tabelle 3.1 mit einer Kurzbezeichnung (z.B. S s-a-0) versehen sind.

Die Buchstaben S und K entsprechen DIN 40 719 /33/. Die übrigen Bezeichnungen sind in Anlehnung an die Fehlerdiagnose in der Digitaltechnik (dort ist s-a-0 von englisch stuck-at-0 üblich /34/) so gewahlt, daß sie einen Bezug zu dem im Fehlerfall auftretenden logischen Wert haben. Bei Gebersignalen von Grenztastern wäre durch diese Festlegung keine Zuordnung zu den mechanischen Zustanden betätigt/unbetatigt gegeben, da diese davon abhängt, ob es sich um Öffner oder Schließer handelt (vgl. Bild 3.2). Um hier Klarheit zu schaffen, wird im folgenden nur mit logischen Werten gearbeitet und festgelegt, daß ein betätigter Geber den Wert "1" er-

Fehler- kategorie	äquivalente Fehlerursachen	Fehlerart	Nr.
fehlerhaftes Gebersignal	-Geber defekt -Geber verschoben, wird nicht betätigt -Drahtbruch in Zuleitung	Gebersignal S ständig auf "0" (S s-a-0)	1
	-Geber defekt -Kurzschluß in Zuleitung -Geber verschoben, wird ständig betatigt	Gebersignal S ständig auf "1" (S s-a-1)	2
	-Geber verschoben, wird in falscher Position betätigt	Gebersignal S dynamisch falsch (S d-f)	3
fehlerhaftes Stellsignal	-Drahtbruch in Ansteuerleitung -Stellglied defekt	Stellsignal K ständig auf "0" (K s-a-0)	4
	-Kurzschluß in Ansteuerleitung -Stellglied defekt	Stellsignal K ständig auf "1" (K s-a-1)	5
fehlerhafte Mechanik	-Bewegungsorgan (Kolben, Hebel usw.) klemmt in Ausgangs- bzw. Endlage	Bewegung nicht auslösbar (B n-a)	6
	-Bewegungsorgan klemmt in Mittellage -Bewegungsorgan gebrochen oder Verbindung zum Stellglied gelöst	Bewegung nicht beendbar (B n-b)	7
	-Bewegungsorgan erreicht Endlage zu früh oder zu spät	Bewegung dynamisch falsch (B d-f)	8

Tabelle 3.1: Einteilung der betrachteten Fehlerfälle

zeugt. Die so gewonnenen allgemeinen Aussagen über Fehlerursachen müssen daher im konkreten Einzelfall an die gegebene Öffner/Schließer-Konstellation angepaßt werden, was jedoch keine Einschränkung der Allgemeingültigkeit darstellt.

Eine besonders fehleranfällige Art von Gebern bilden die Grenztaster. Wie Bild 3.2 zeigt, sind hierfür neben elektrischen Ursachen wie Kontaktüberbrückung oder Drahtbruch auch mechanische Ursachen wie Klemmen, z.B. infolge steckengebliebener Späne, oder Verschiebung des Tasters oder Nockens verantwortlich.

Fehlerursachen bei Grenztastern	Fehlerfolgen	
	ϟ	ϟ
elektrische Ursachen		
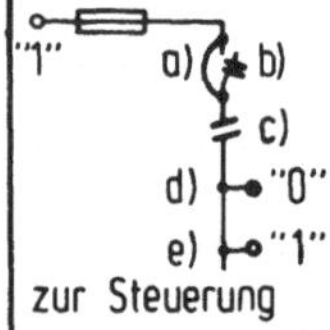 a) Schaltkontakt überbrückt	s-a-1	s-a-1
b) Schaltkontakt offen	s-a-0	s-a-0
c) Drahtbruch	s-a-0	s-a-0
d) Kurzschluß auf "0"	Sicherung +)	Sicherung ++)
e) Kurzschluß auf "1"	s-a-1	s-a-1
mechanische Ursachen		
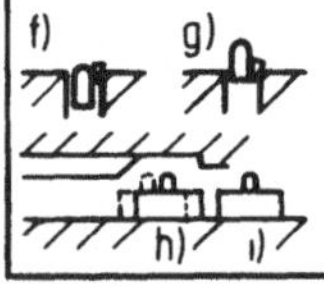 f) klemmt in Lage "betätigt"	s-a-1	s-a-0
g) klemmt in Lage "unbetätigt"	s-a-0	s-a-1
h) verschoben wird in falscher Position betätigt	d-f	d-f
i) verschoben wird nicht betätigt	s-a-0	s-a-1

s-a-0 ständig auf "0" d-f dynamisch falsch +) spricht bei Betätigung an
s-a-1 ständig auf "1" ++) spricht bei Fehlerauftreten an

Bild 3.2: Fehlerursachen und Fehlerfolgen bei Grenztastern

Für den in der Praxis oft genannten Fehler "Grenztaster (oder Nocken) verschoben" muß eine wichtige Fallunterscheidung vorgenommen werden. Ist der Grenztaster so verschoben, daß er nicht angefahren wird, entspricht dies dem Fall "standig auf 0" (Fall i) in Bild 3.2). Wird er jedoch trotz der Verschiebung betätigt, weil er z.B. gegen die Bewegungsrichtung verschoben ist, kann dies zum Start einer nachfolgenden Bewegung führen, deren mechanische Voraussetzung noch nicht gegeben ist und deshalb fehlerhaft verlauft. Diesem Sonderfall h) wird durch die Bezeichnung d-f Rechnung getragen.

4 Verfahren zum Aufbau von Diagnosesystemen

4.1 Grundlagen

4.1.1 Anforderungen an Diagnosesysteme

Zu unterscheiden sind die Anforderungen des Maschinenanwenders, der eine hohe Leistungsfahigkeit des Diagnosesystems wünscht, und die des Maschinenherstellers, der den erforderlichen Entwicklungsaufwand unter wirtschaftlichen Gesichtspunkten betrachtet.

Die vom Anwender gewünschte hohe Auslastung der Fertigungseinrichtungen setzt, wie erwähnt, hohe Zuverlässigkeit der Komponenten und kurze Ausfallzeiten infolge von Störungen voraus. Aus beidem lassen sich Anforderungen für Diagnosesysteme ableiten. Die hier betrachteten Störungen durch steuerungsexterne Fehler sollen unabhängig von der Qualifikation des Servicepersonals lokalisiert werden können /18/. Die Maximalforderung zur Erzielung einer kurzen Instandsetzungsdauer lautet daher:

> Die Fehler sollen automatisch erkannt werden und ihre Ursache ist exakt und detailliert anzuzeigen.

Trotzdem soll der gerätetechnische Aufwand für das Diagnosesystem gering sein, nicht nur aus Kostengründen, sondern auch um die Zuverlässigkeit des Gesamtsystems nicht zu verringern. Ein Einbau zusätzlicher Steuerungsperipherie, z.B. das Oberwachen von Grenztastern durch zusätzliche Kontakte mit weiteren, fehleranfälligen Leitungen /35/, soll aus diesem Grund nicht erfolgen.

Da eine Fehlerlokalisierung mit genauer Ermittlung des defekten Bauelements jedoch, wie später gezeigt wird, ohne Zusatzhardware nicht möglich ist, muß die obige Forderung auf ein vertretbares Maß reduziert werden. Sie lautet im einzelnen dann folgendermaßen:
Unterstützung des Servicepersonals bei der Fehlersuche durch Hilfsmittel, die

- Fehler selbständig erkennen,
- eine genügend detaillierte Eingrenzung der Fehlerursache geben, so daß das fehlerhafte Bauelement mit geringem Aufwand zu finden ist,
- weitgehend mit den zur Steuerung erforderlichen Gebern arbeiten,
- ohne genaue Kenntnis der Steuerungslogik benutzbar sind,
- Meldungen im Klartext erzeugen und protokollieren.

Für den Entwickler von Diagnosesystemen stellen diese Forderungen Vorgaben dar, die er - überwiegend durch Bereitstellung entsprechender Software - erfüllen muß. Er fordert daher ein Schema, nach dem man sich bei der Analyse der Fehlerfälle und der Programmierung entsprechender Routinen richten kann.

Die Maximalforderung in dieser Richtung ist das automatische Generieren der Diagnoseprogramme aus einer geeigneten Steuerungsbeschreibung. Ein Schritt auf dem Weg dorthin sind wiederverwendbare, an die spezielle Aufgabenstellung anpaßbare Programmpakete. Die Forderung eines Herstellers von Transferstraßen nach einer kurzfristig erlernbaren Makrosprache, die ohne Kenntnisse von Programmiersprachen benutzbar ist /23/, deckt sich genau mit diesem Schritt. Wichtiges Kriterium bei der Beurteilung derartiger Lösungen ist die Übersichtlichkeit dieser Programme für das Servicepersonal des Anwenders. Denn es wäre Illusion zu glauben, daß bei Einsatz leistungsfahiger Diagnosesysteme gut ausgebildetes Wartungspersonal vollstandig entfallen könnte.

4.1.2 Generelle Methode zum Aufbau von Diagnosesystemen

Vor der Darstellung der einzelnen Diagnosemethoden im Abschnitt 4.2 soll anhand von Bild 4.1 der Grundgedanke aller Methoden erläutert werden.

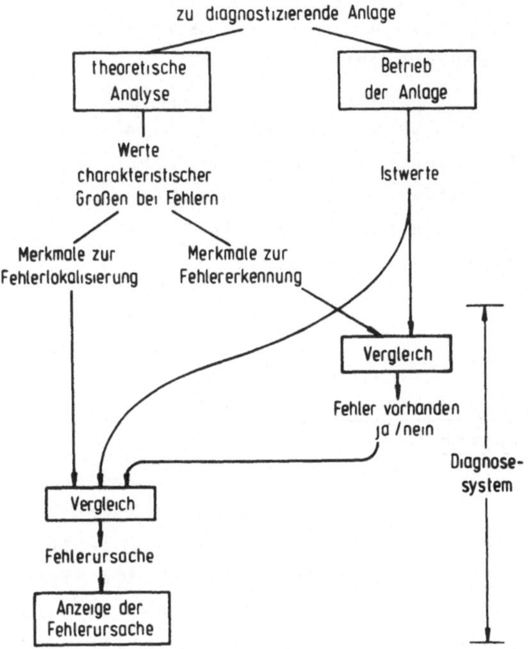

Bild 4.1: Prinzip eines Diagnosesystems

Am Anfang der Entwicklung eines Diagnosesystems steht die theoretische Analyse der zu diagnostizierenden Anlage, z.B. einer Fertigungseinrichtung. Dabei muß man sich genaue Kenntnisse der fehlerfreien Wirkungsweise verschaffen, um daraus das Verhalten bei den betrachteten Fehlerfällen zu ermitteln. Anschließend ist zu fragen, wie dieses Verhalten durch automatisch erfaßbare Merkmale (z.B. Ausführungszeiten, Geberwerte) charakterisiert werden kann. Dabei können die Merkmale zur Fehlererkennung durchaus verschieden von denen zur Fehlerlokalisierung sein.

Das Diagnosesystem trifft durch Vergleich dieser kennzeichnenden Größen mit den im Betrieb der Anlage auftretenden Istwerten Aussagen über das Vorhandensein eines Fehlers und dessen Ursache. Dazu müssen die Merkmale in irgendeiner Form im Diagnosesystem abgespeichert sein.

Das Diagnosesystem führt also nur die in der unteren Halfte des Bildes 4.1 dargestellten Aufgaben durch. Man erkennt, daß ein erheblicher Aufwand außerhalb des Diagnosesystems, namlich bei der theoretischen Analyse der Fehlerfalle, auftritt. Darauf wird in Kapitel 5 eingegangen.

4.1.3 Darstellung der Steuerung von Schaltfunktionen mit Zustandsgraphen

Um die folgende Betrachtung der Fehler und der Methoden zu ihrer Diagnose allgemeingültig zu gestalten, ist ein Hilfsmittel zur Darstellung erforderlich, mit dem nicht nur die Steuerung, sondern auch maschinenbauliche Komponenten beschrieben werden können. Als derartiges Hilfsmittel haben sich Zustandsgraphen bewährt. Da sie im folgenden laufend verwendet werden, jedoch nicht als allgemein bekannt voraussetzbar sind, sollen die benötigten Begriffe hier kurz vorgestellt werden.

Grundgedanke ist das Aufteilen der zu steuernden Anlage in Funktionseinheiten (FE) und deren Abbildung in je einen Zustandsgraph. Die Funktionseinheiten entsprechen einzelnen Baugruppen der Anlage, die durch eine einzige physikalische Größe, z.B. Lage oder Druck, charakterisierbar sind. Das Auffinden des entsprechenden Zustandsgraphen kann systematisch aus den möglichen Änderungen der physikalischen Größe /37/ oder empirisch erfolgen, indem man die an der FE mechanisch unterscheidbaren Zustände, wie z.B. "aufwärts bewegen", "ruhen in Endlage" zusammenstellt. Diesen Zustanden werden Kreise (Knoten des Zustandsgraphen) zugeordnet, wahrend die Übergänge zwischen den Zuständen durch Pfeile (gerichtete Kanten) reprasentiert werden /38/.

Insbesondere zur Fehlerdiagnose hat sich folgende Unterscheidung der Zustände als sinnvoll erwiesen /39/:

- Ruhezustände, mit denen keine Veränderung an der Funktionseinheit verbunden ist. Sie werden mit einem Kreis gekennzeichnet (Bild 4.2).
- Aktive Zustände, die mit einer Aktion, d.h. Änderung der zugeordneten physikalischen Größe, an der FE verbunden sind. Sie werden mit einem Quadrat gekennzeichnet, an das als Kommentar die bei der Aktion gesetzten Ausgaben angefügt werden.

a) Mechanische Anordnung

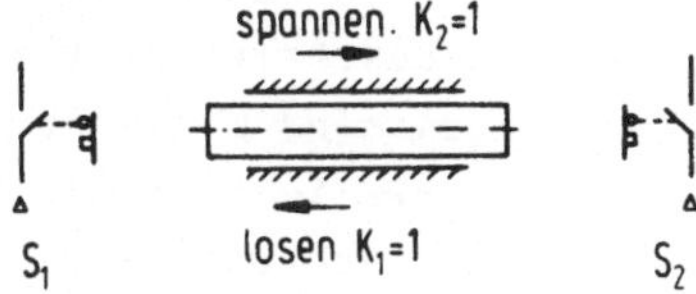

b) Zustandsgraph

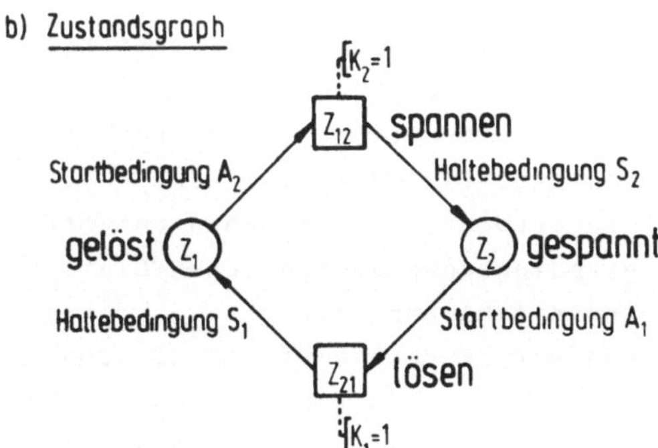

c) Istwertgraph

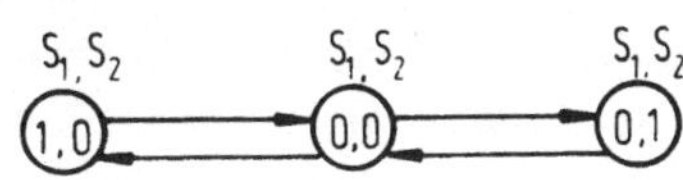

Bild 4.2: Zustandsgraph und Istwertgraph einer einfachen Funktionseinheit

Gemäß diesen Bildungsvorschriften können für beliebige Funktionseinheiten die entsprechenden Zustandsgraphen abgeleitet werden. Für haufig wiederkehrende FE wurde ein Katalog zusammengestellt /40/. Dabei zeigt sich, daß die meisten Graphen aus einer Abwandlung oder Aneinanderreihung des somit "elementaren" Graphen in Bild 4.2 bestehen. Die Diagnose dieser "elementaren Funktionseinheit" im folgenden Abschnitt nimmt daher eine Schlüsselstellung ein.

Neben diesen Zustandsgraphen sind, insbesondere für Abschnitt 4.2.3, die sog. "Istwertgraphen" /37/ von Bedeutung. Die Knoten dieser Graphen stellen die möglichen Wertekombinationen der binären Geber dar, die Kanten symbolisieren die Änderungen eines Gebersignals. Mit Istwertgraphen wird ausschließlich der Istzustand der Gebersignale beschrieben, Verriegelungen oder andere logische Verknüpfungen sind mit ihnen nicht darstellbar. Sie werden auch üblicherweise nicht in Steuerungen nachgebildet, sondern dienen nur theoretischen Zwecken. In Bild 4.2 ist unten der zugehörige Istwertgraph angegeben.

Die Umsetzung der Zustandsgraphen in Steuerungshardware oder -software kann entweder rechnerunterstützt oder manuell erfolgen. Hier ist nur die Erzeugung von Programmen für SPS oder Rechner von Bedeutung. In jedem Fall werden den Zuständen im Graphen Merker zugeordnet. Die Eingaben der Steuerung werden in den Übergangsbedingungen zu logischen Gleichungen verknüpft, von denen die Merker gesetzt bzw. rückgesetzt werden. Die Ausgaben werden über einfache Gleichungen, z.B.

$$K_2 = Z_{12},$$

den aktiven Zustanden zugewiesen. Ein wesentlicher Vorteil gegenüber der konventionellen Programmierung ergibt sich dadurch, daß nicht immer samtliche, sondern nur die von den momentan gesetzten Zuständen wegführenden Übergangsbedingungen vom Programm abgearbeitet werden müssen. Dadurch verringert sich die zeitliche Belastung des Rechners bzw. der SPS beträchtlich. Sowohl für die rechnerunterstützte Erzeugung von SPS-Programmen /40/ als auch für die manuelle Umsetzung in Programme für Prozeßrechner /36/ ist eine den Verfahren adäquate Erstellung der Diagnoseprogramme zu fordern, worauf im Abschnitt 5 bzw. 4.2.4 eingegangen wird.

Da nach Definition eine Funktionseinheit durch nur eine physikalische Größe charakterisierbar sein muß, lassen sich komplizierte Baugruppen an Fertigungseinrichtungen, bei denen die Fehlerdiagnose von besonderem Interesse ist, wie z.B. der Werkzeugwechsler an einem Bearbeitungszentrum, nicht mit nur einer FE beschreiben. Vielmehr müssen mehrere FE zu einer sogenannten Funktionsgruppe (FG) /37/ zusammengefaßt werden. Das planmäßige Zusammenwirken der einzelnen FE muß dabei von der Steuerung koordiniert werden. Das bedeutet, daß Obergangsbedingungen im Zustandsgraph einer FE nur unter bestimmten Voraussetzungen in anderen FE durchlaufen werden dürfen. Diese logische Abhängigkeit läßt sich vorteilhaft mit einer den Petri-Netzen verwandten Darstellung nach /36/ grafisch veranschaulichen (Bild 4.3). Der Obergang im Graph A von A_2 nach A_3 darf z.B. nur stattfinden, wenn in den Graphen B und C momentan die Zustände B_2 und C_2 eingenommen sind.

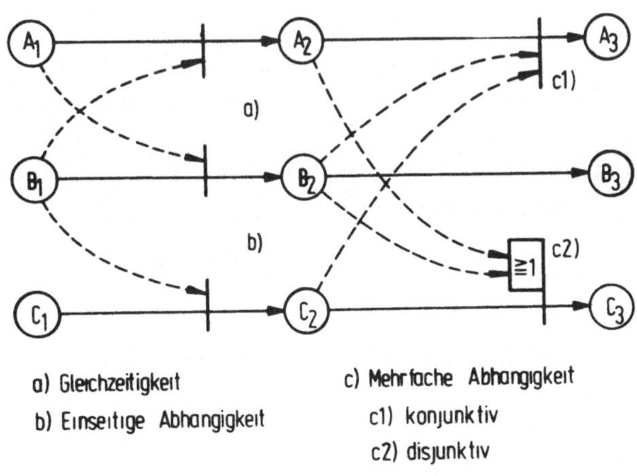

Bild 4.3: Synchronisationselemente zur Darstellung der Koordination von mehreren Funktionseinheiten /36/

Zum gedanklichen Durchspielen einzelner Fehlerfälle in Funktionsgruppen kann folgendes, bei Petri-Netzen /41/ übliches Verfahren verwendet werden: Man besetzt auf dem Plan einer FG die Knoten, die zu einem bestimmten Zeitpunkt gesetzt sind, mit Marken. Das Wandern der Marken durch die Zustandsgraphen erfolgt entsprechend den Übergangsbedingungen analog zum Setzen der Zustände in der Steuerung. Im Beispiel Bild 4.3 darf die auf A_2 befindliche Marke erst nach A_3 gesetzt werden, wenn die Marken der Graphen B und C die Knoten B_2 und C_2 erreicht haben. Eine z.B. infolge eines Geberfehlers in B_2 nicht eintreffende Marke hat also, wie man sofort sieht, zur Folge, daß im Zustandsgraph A der Zustand A_3 nicht eingenommen wird. Die mit dieser Simulation verbundene Anschaulichkeit ist einer der wesentlichen Vorteile der Darstellung nach Bild 4.3.

Insgesamt sprechen folgende Argumente für eine Steuerungsbeschreibung mit Zustandsgraphen:

- Zustandsgraphen bilden ein Modell der zu steuernden maschinenbaulichen Einheiten, sie stellen ein anschauliches, interdisziplinäres Verständigungsmittel zwischen Konstrukteur und Steuerungstechniker dar.
- Realisierungsunabhängige Beschreibung der Steuerung.
- Rechnerunterstützter Steuerungsentwurf möglich /40/.
- Übertragbarkeit der allgemein analysierten Fehlerauswirkungen auf verschiedene reale Einrichtungen möglich (vgl. Abschnitt 4.2.3).
- Rechnerunterstützte Generierung von Diagnoseprogrammen möglich (vgl. Kapitel 5).

4.1.4 Diagnoseaufgaben an einem Bewegungselement

Wie bereits ausgeführt, erschwert die Vielfalt der in der Praxis vorkommenden Schaltfunktionen eine systematische Behandlung der Fehlerdiagnose erheblich. Einen ersten Schritt zum Erkennen von Gesetzmäßigkeiten stellt die Verwendung von Zustandsgraphen dar. Doch auch diese sind aufgrund ihrer Verschiedenartigkeit einer gemeinsamen Diagnosebetrachtung nicht unmittelbar zuganglich. Deshalb werden hier in einem zweiten Schritt die Zustandsgraphen in sog. "Bewegungselemente" zerlegt, anhand derer die Diagnoseaufgaben und Lösungen allgemeingültig erörtert werden können.

Grundgedanke der Zerlegung ist die Tatsache, daß komplizierte Zustandsgraphen immer aus einer Aneinanderreihung von " Elementen" bestehen, die durch Gebersignale definierte Teilbewegungen - bzw. verallgemeinert Aktionen - beschreiben. Der einfache Zustandsgraph in Bild 4.2 beschreibt z.B. die Teilbewegungen "spannen" und "lösen" und besteht damit aus zwei "Elementen". Wie Bild 4.4 am Beispiel von zwei Funktionseinheiten mit 4 Gebern $S_1 \ldots S_4$ zeigt, beginnt und endet

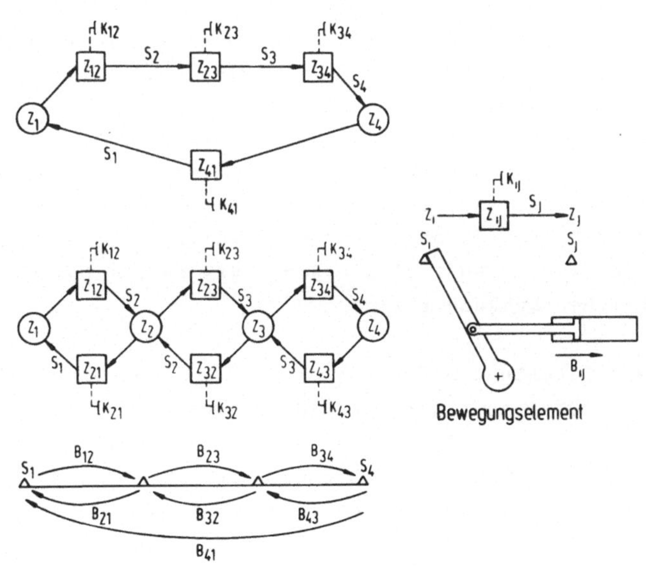

Bild 4.4: Zur Definition des Bewegungselements

eine Teilbewegung nicht notwendigerweise mit einem Ruhezustand. Die allgemeine Form eines Bewegungselements, aus dem Zustandsgraphen zusammengesetzt sind, wird deshalb ohne Ruhezustände, wie in Bild 4.4 rechts gezeigt, gewählt.

Ein Bewegungselement repräsentiert eine Bewegung B_{ij} vom Geber S_i zum Geber S_j, die von der Ausgabe K_{ij} bewirkt wird, wenn der Zustand Z_{ij} eingenommen wird. Es handelt sich also nur um die Bewegung in Richtung Geber S_j, wodurch dieser Geber ausgezeichnet ist. Trotzdem wird zur Diagnose das vollständige Paar (S_i, S_j) herangezogen. Die entsprechend Tabelle 3.1 zu lösenden Diagnoseaufgaben sind: Erkennung und Lokalisierung von

- fehlerhaftem Gebersignal S_j,
- fehlerhaftem Stellsignal K_{ij},
- fehlerhafter Mechanik zur Ausführung der Bewegung B_{ij}.

In Bild 4.5 sind die sich nach eingetretenem Fehler statisch einstellenden Zustandsvariablen und Geberwerte für die Fehlerfälle tabellarisch aufgelistet. Die Tabelle wurde unter der Annahme erstellt, daß aufgrund einer fehlerfreien Startbedingung A_j der Zustand Z_{ij} eingenommen wird. Das weitere Verhalten ist von den betrachteten Fehlern abhängig. Die Spalte "Folgefehler" sagt aus, ob durch ein fälschliches Erreichen des Zustands Z_j möglicherweise Folgefehler bei nachfolgenden Bewegungen auftreten können, was in Abschnitt 4.2.4.2 ausführlicher behandelt wird.

Besondere Beachtung erfordern die Fälle 2 und 5. Der Fehler im Fall 2 führt zu einer widersprüchlichen Geberkombination (vgl. Abschnitt 4.2.3), deren potentiell sicherheitsgefährdende Wirkung durch entsprechende Programmierung der Startbedingung A_j vermieden werden kann. Dann gilt jedoch die oben erwähnte Voraussetzung einer fehlerfreien Startbedingung nicht (vgl. Abschnitt 4.2.3). Im Fall 5 wurde das ständig beaufschlagte Stellglied K_{ij} isoliert betrachtet, d.h. ohne Berücksichtigung anderer Stellglieder, die auf dieselbe Me-

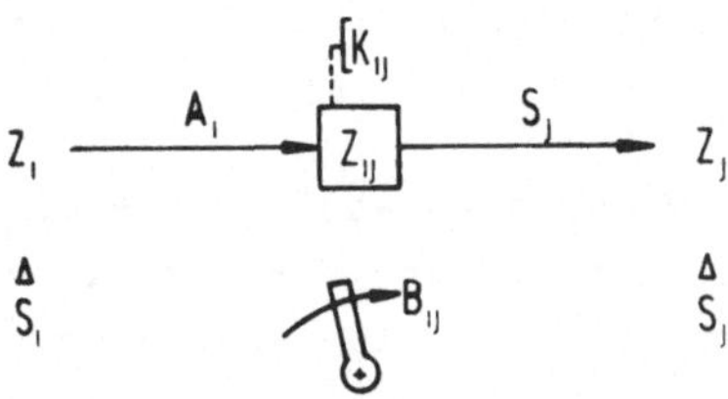

Nr	Fehlerart	charakt Steuerungszustand $Z(S_i, S_j)$	Folgefehler
1	S_j s-a-0	Z_{ij} (0,0)	nein
2	S_j s-a-1	Z_j (1,1)	ja
3	S_j d-f	Z_j (0,1)	ja
4	K_{ij} s-a-0	Z_{ij} (1,0)	nein
5	K_{ij} s-a-1	Z_j (0,1)	ja
6	B_{ij} n-a	Z_{ij} (1,0)	nein
7	B_{ij} n-b	Z_{ij} (0,0)	nein
8	B_{ij} d-f	Z_j (0,1)	ja

Bild 4.5: Fehlerauswirkungen an einem Bewegungselement (Bezeichnungen siehe Tabelle 3.1)

chanik wirken. In realen Beispielen, z.B. der Funktionseinheit in Bild 4.2, gibt es aber häufig ein zu K_{ij} entgegengesetzt wirkendes Stellglied K_{ji}. Im Fehlerfall können sich dann zwei gegeneinander arbeitende Bewegungen überlagern, was zu allgemein nicht vorhersehbaren Auswirkungen führt. Fall 5 wird daher bei den folgenden Untersuchungen in der Regel nicht mit aufgeführt. Für praktische Anwendungen ist diese Einschränkung zwar nicht gravierend, da dieser Fall nicht sehr wahrscheinlich ist, er macht jedoch die begrenzte Aussagefahigkeit der automatischen Fehlerdiagnose generell deutlich, die aus derartigen Restriktionen resultiert.

Für die Fehlerdiagnose muß die Tabelle in Bild 4.5 von "rechts nach links" interpretiert werden, d.h. es muß einem Steuerungszustand eine Fehlerursache zugeordnet werden. Zu diesem Zweck ist die Tabelle nach gleichen Werten in der Spalte "Steuerungszustand" umzusortieren. Wie Tabelle 4.1 zeigt, ist die entstehende Zuordnung leider nicht eindeutig. Fehlerarten, die den gleichen Steuerungszustand bewirken, kann man zu Fehlerfamilien $\alpha \ldots \gamma$ zusammenfassen. Diese grundsätzliche Analyse der Fehlerfälle an einem Bewegungselement bildet die Basis für die in den folgenden Abschnitten dargestellten Diagnosemethoden.

charakteristischer Steuerungszustand $Z_{\cdot}(S_i,S_j)$	verursachende Fehlerarten	Fehlerfamilie	Kurzbeschreibung
Z_{ij}.(1,0)	B_{ij} n-a K_{ij} s-a-0	α	Start nicht verlassen
Z_{ij}.(0,0)	B_{ij} n-b S_j s-a-0	β	Ziel nicht erreicht
Z_j.(0,1)	B_{ij} d-f S_j d-f K_{ij} s-a-1	γ	Ziel falsch erreicht
Z_j.(1,1)	S_j s-a-1	-	Widerspruch

Tabelle 4.1: Zusammenfassung von Fehlerarten mit gleichem Steuerungszustand

4.2 Methoden zur Fehlererkennung und -lokalisierung

Für die in Abschnitt 3.2 erläuterten Fehler sollen die Methoden, nach denen eine automatische Erkennung und Lokalisierung realisiert werden kann, dargestellt und bewertet werden. Gerätemäßige Gesichtspunkte zur Realisierung werden anschließend in Abschnitt 4.3 behandelt.

4.2.1 Fehlererkennung mittels Zeitüberwachung

4.2.1.1 Grundsätzliche Arbeitsweise

Die Überwachung der Ausführungszeit von Aktionen, insbesondere Maschinenbewegungen, ist ein seit vielen Jahren übliches Verfahren zur Erkennung von steuerungsexternen Fehlern /42/. Eine systematische Darstellung der damit diagnostizierbaren Fehler ist jedoch nicht bekannt. Wie bereits in Abschnitt 2.2.3 erläutert, wird dabei die Ausführungszeit einer Aktion erfaßt und mit einem vorgegebenen Sollwert verglichen. Bei Überschreiten des Sollwertes wird eine Fehlermeldung ausgegeben. Da die zu registrierende Größe "Zeit" in binären Steuerungen nicht direkt zur Verfügung steht, ist für die Realisierung einer Zeitüberwachung ein Zeitglied erforderlich, das häufig mit zusätzlichem Hardwareaufwand verbunden ist. Bei Verwendung programmierbarer Steuerungen oder Rechner können Zeitglieder durch Software mehrfach ausgenützt werden (vgl. Abschnitt 4.2.1.3), so daß die Zeitüberwachung heute eine besonders wichtige Lösungsmöglichkeit zur Fehlererkennung darstellt. Im folgenden werden verschiedene Arten der Zeitüberwachung und die damit erkennbaren Fehler diskutiert.

Welche Zeiten zur Zeitüberwachung herangezogen werden können, zeigt Bild 4.6. Betrachtet wird eine Aktion, die zum Zeitpunkt T_A zurückgemeldet wird. Es kann sich dabei um eine elementare Bewegung zwischen zwei Gebern oder eine Folge derartiger Bewegungen handeln. Mit den in Bild 4.6 definierten Zeiten $T_1 \ldots T_4$ lassen sich die folgenden vier Fälle unterscheiden:

1) Falls auch die Ausgangslage durch einen Geber gekennzeichnet ist, kann überwacht werden, ob das Verlassen dieser Stellung innerhalb der zulässigen Zeit T_1 erfolgt.
2) Die Rückmeldung "Ziel erreicht" trifft vorzeitig ein. Mechanische Fehler, z.B. Wegfall einer Belastung durch Bruch, können zu dieser Konstellation führen.
3) Eine verspätet eintreffende Zielrückmeldung kann ebenfalls durch mechanische Fehler, z.B. Reibung zu groß, verursacht sein.
4) Mit dem Zeitpunkt T_4 wird der obere Grenzwert der Überwachung definiert, zu dem der Fehler "Ziel nicht erreicht" festgestellt wird, wenn bis dahin die Zielrückmeldung nicht erfolgt ist.

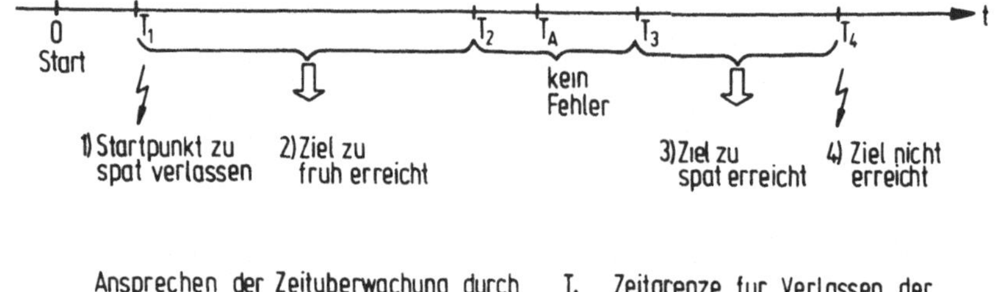

Bild 4.6: Fallunterscheidung bei Zeitüberwachung

Das auslösende Ereignis ist bei den Fällen 1) und 4) das Erreichen einer Zeitgrenze, während bei den Fällen 2) und 3) ein Prozeßereignis die Zeitüberwachung ansprechen läßt. Dieser Unterschied ist für die Realisierung der Zeitüberwachung zu beachten. Zunächst sollen jedoch die Diagnosemöglichkeiten erörtert werden, die sich aus der Unterscheidung der Zeitpunkte $T_1 \ldots T_4$ ergeben.

4.2.1.2 Mit Zeitüberwachung erkennbare Fehlerarten

Die Fragestellung lautet, welche Fehlerarten mit Zeitüberwachung erkennbar sind und welche Einschränkungen mit Vereinfachungen, z.B. Überwachung nur auf Unterschreiten von T_4, verbunden sind. Dazu wird als Aktion der Übergang eines Bewegungselements nach Bild 4.5 vom Geber S_i zum Geber S_j betrachtet unter folgenden Voraussetzungen:

- Die bildliche Darstellung erfolgt für eine Bewegung mit konstanter Geschwindigkeit v. Die Zuordnung der Fehlerarten gilt jedoch sinngemäß auch für veränderliche Geschwindigkeit $v = v(t)$.
- Die den Gebern zugeordneten Positionen werden mit einer als fehlerfrei definierten Ungenauigkeit von Δs eingenommen.
- Die Geschwindigkeit der Bewegung darf zwischen v_{min} und v_{max} (vgl. Bild 4.11) schwanken. Damit wird den unterschiedlichen Betriebsbedingungen, z.B. je nach Temperatur des Hydrauliköls, Rechnung getragen. Der dadurch festgelegte zeitliche Toleranzbereich $[T_2, T_3]$ überlappt im allgemeinen den aus der Positionsungenauigkeit Δs resultierenden Bereich Δt.
- Eine Bewegung über den Geber S_j hinaus ist aufgrund der Mechanik nicht möglich (z.B. Anschlag).

Die Zuordnung der acht Fehlerarten nach Bild 4.5 zu den vier im vorigen Abschnitt definierten Zeitpunkten bzw. -abschnitten 1)...4) läßt sich anschaulich mit einer besonderen Form von Mengendiagrammen darstellen. In einem Weg-Zeit-Diagramm der Bewegung werden die Gebiete gekennzeichnet, in denen die Endpunkte der Bewegung unter Einfluß der verschiedenen Fehlerarten liegen. Einem Gebiet entspricht also die Menge der möglichen Endpunkte für eine Fehlerart. Überdecken sich zwei Mengen, so sind die dem Überdeckungsbereich entsprechenden Fehler aufgrund der Kriterien Ort und Zeit nicht unterscheidbar.

Bild 4.7 zeigt dieses Mengendiagramm für die fünf nicht mit Gebern zusammenhängenden Fehlerarten. Der untere Bereich repräsentiert die Fehler, bei denen der Geber S_i nicht verlassen wird. Nach der Definition von T_1 sind diese Fehler erst nach Erreichen von T_1 erkennbar, was durch Schraffur verdeutlicht wird. Der Fehlerart B_{ij} n-b zugeordnet ist der mittlere Bereich. Da erst für Ausführungszeiten $T_A > T_3$ das fehlende Ansprechen von S_j als Fehler zu werten ist, muß der links von T_3 liegende Bereich als "nicht erkennbar" markiert werden.

Besonders aufschlußreich ist der obere Bereich. Das Gebiet K_{ij} s-a-1 wird für kleine Zeitwerte nicht von dem Gebiet B_{ij} d-f überdeckt. Schon zum Zeitpunkt $t = 0$ wird der Geber S_j im Fall der ständig gesetzten Ausgabe K_{ij} betätigt, während eine mit endlicher Geschwindigkeit ausgeführte zu schnelle Bewegung den Geber erst später erreicht. Diese beiden Fehlerarten lassen sich also mit einer Abfrage zum Zeitpunkt $t = 0$ unterscheiden. Für die Erkennung zu langsamer Bewegungen B_{ij} ist das Intervall $[T_3, T_4]$ vorgesehen. Zum Zeitpunkt T_4 wird das Warten auf Erreichen von S_j abgebrochen und der Fehler "Ziel nicht erreicht" angenommen. Ein späteres Erreichen von S_j wird nicht mehr ausgewertet, das entsprechende Gebiet ist schraffiert. Aus diesem Grund liegt es nahe, T_4 möglichst groß zu wählen, um viele "schleichende" Bewegungen noch als dynamisch falsch diagnostizieren zu können. Andererseits ist man jedoch bestrebt, eine Fehlererkennung zur Vermeidung

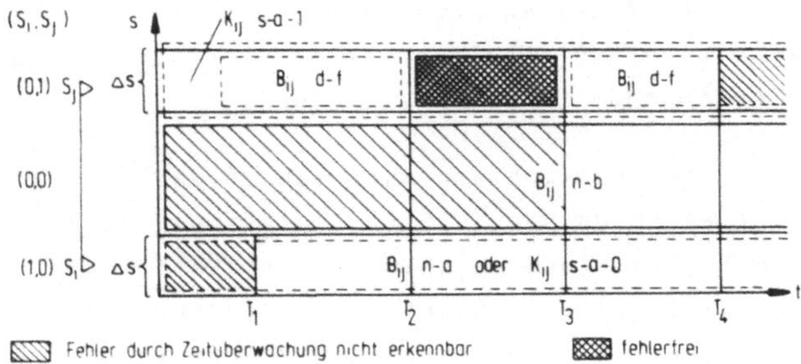

Bild 4.7: Darstellung der Fehlerarten als Punktmengen in der Weg-Zeit-Ebene

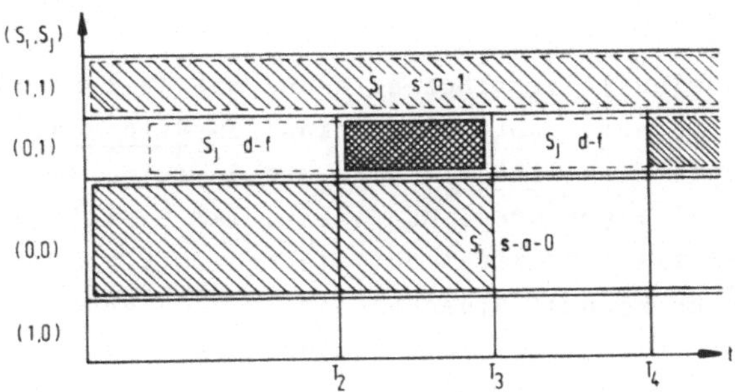

Bild 4.8: Darstellung der Fehlerarten als Punktmengen in der Geberzustand-Zeit-Ebene

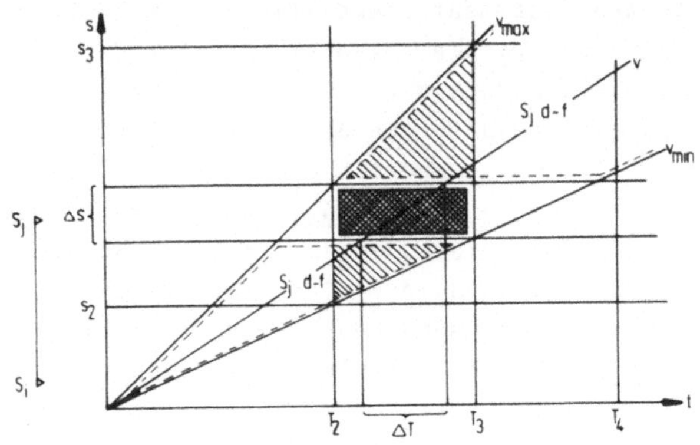

Bild 4.9: Weg-Zeit-Ebene für Fehlerart S_j d-f

unnötiger Stillstandszeiten möglichst frühzeitig zu erreichen. Bei der Dimensionierung des Grenzwertes T_4 sind diese gegenläufigen Anforderungen zu berücksichtigen.

Die drei Arten von Geberfehlern kann man in das Diagramm 4.7 nicht eintragen, da die im Bild links angegebene Zuordnung zwischen Geberzustand (S_i, S_j) und Position s bei Geberfehlern nicht gilt. Die den Geberfehlern entsprechenden Punktmengen werden daher in einem separaten Diagramm, Bild 4.8, dargestellt. Die Analogie der Gebiete zu Bild 4.7 bezieht sich nur auf den Geberzustand, nicht auf die Position. Für die schraffierten Bereiche trifft das oben Gesagte entsprechend zu.

Die Frage, inwieweit verschobene Geber mit Zeitüberwachung erkannt werden können, läßt sich anhand von Bild 4.9 beantworten. Im Gegensatz zu Bild 4.7 wird die Position des Gebers S_j als variabel angenommen. Man sieht, daß Positionen von s_2 bis s_3 im dem als fehlerfrei definierten Zeitintervall $[T_2, T_3]$ erreicht werden können. Diese Fehler sind daher mit Zeitüberwachung nicht erkennbar; die örtliche Verschiebung wird in diesen Fällen durch eine zulässige Abweichung der Geschwindigkeit zeitlich kompensiert (schraffiertes Gebiet). Andererseits ist aus dem Diagramm ablesbar, daß auch kleine Verschiebungen zu zeitlich erkennbaren Fehlern führen können.

Betrachtet man zusammenfassend alle acht Fehlerarten aus Sicht der Steuerung, die bekanntlich statt der Meßgröße Weg nur über die daraus abgeleiteten Gebersignale verfügt, sind die zu gleichplazierten Bereichen gehörenden Fehlerarten in den Bildern 4.7 und 4.8 nicht unterscheidbar. Sie werden wie bereits in Tabelle 4.1 zu drei Fehlerfamilien $\alpha \ldots \gamma$ zusammengefaßt, die mit der mechanischen Stellung im Fehlerfall in Bild 4.10 aufgeführt sind. Die Fehlerfamilien entsprechen genau den drei horizontalen Bereichen in Bild 4.7. Die zu einer Fehlerfamilie gehörenden Fehlerarten kann man also unter der Voraussetzung, keine zusätz-

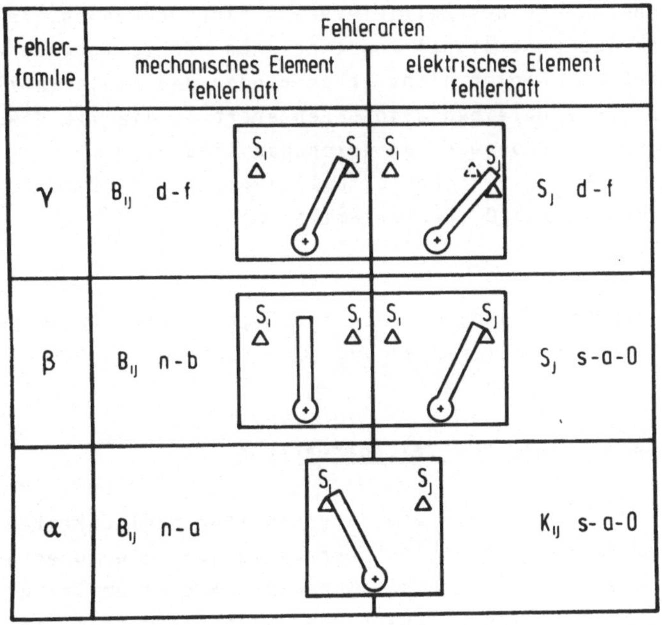

Fehlerfamilie	Fehlerarten	
	mechanisches Element fehlerhaft	elektrisches Element fehlerhaft
γ	B_{ij} d-f	S_j d-f
β	B_{ij} n-b	S_j s-a-0
α	B_{ij} n-a	K_{ij} s-a-0

Bild 4.10: Definition der Fehlerfamilien

liche Hardware - außer der zur Steuerung erforderlichen - einzusetzen, durch Auswertung der an der Steuerung vorhandenen Signale nicht differenzieren. Eine weitergehende Unterscheidung ist daher nur mit Hilfe von Zusatzhardware oder Beobachtung durch den Menschen zu erreichen. Die Fehlerarten K_{ij} s-a-1 und S_j s-a-1 sind nicht in diese Fehlerfamilien einzuordnen, sie müssen getrennt behandelt werden.

Bisher wurde stets die Zeitüberwachung mit den vier Zeitgrenzen $T_1 \ldots T_4$ nach Bild 4.6 betrachtet. Häufig wird aus Aufwandsgründen nur eine Zeitgrenze verwendet, deren Überschreiten auf einen Fehler schließen läßt. Sie entspricht somit der Grenze T_4. Wie aus Bild 4.7 ersichtlich ist, kann man damit das dynamisch falsche Ansprechen eines Gebers (B_{ij} d-f oder

S_j d-f) innerhalb eines Zeitintervalls nicht erkennen. Je nachdem, ob das Gebersignal vor oder nach der Zeitgrenze eintrifft, wird der Fehler nicht erkannt oder der Fehlerfamilie β zugeordnet. Es verbleiben also 5 Fehlerarten, die mit dieser vereinfachten Zeitüberwachung erkennbar sind:

- B_{ij} n-a und K_{ij} s-a-0 (Fehlerfamilie α),
- B_{ij} n-b und S_j s-a-0 (Fehlerfamilie β),
- K_{ij} s-a-1.

Damit ist die Verwendung nur einer Zeitgrenze als wirkungsvolles Mittel zur Fehlererkennung zu bezeichnen.

4.2.1.3 Realisierung der Zeitüberwachung

Es ist nun zu fragen, wie die dargestellten Möglichkeiten zur Fehlererkennung realisiert werden können. Die zu erfassende Größe Zeit läßt sich hardwaremäßig mit einem Zeitglied, Bild 4.11, Fall a) oder softwaremäßig durch Addition von

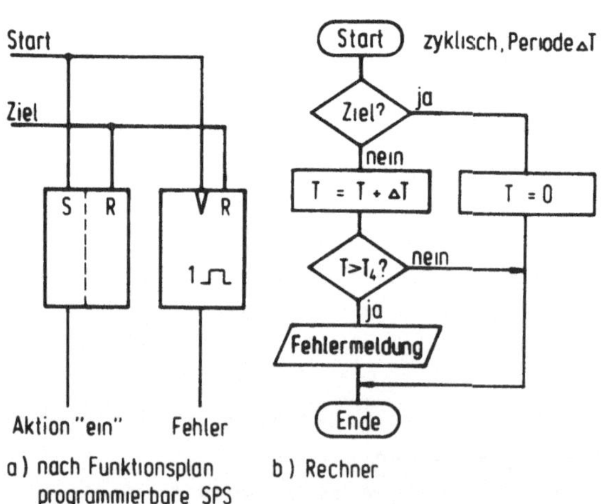

Bild 4.11: Realisierungsmöglichkeiten der Zeitüberwachung

Zeitinkrementen ΔT bilden, Fall b). Zeitglieder arbeiten meistens auf der Basis analog einstellbarer RC-Glieder. Sie haben den Nachteil, daß pro Zeitschranke ein Zeitglied erforderlich ist.

Dagegen können von einem per Interrupt zyklisch angestoßenem Programm verschiedene Zeiten abgefragt werden. Das in Bild 4.11 gezeigte einfache Beispiel für die Überwachung nur einer Zeitgrenze T_4 ist auf mehrere Zeitgrenzen erweiterbar, indem anstelle der Abfrage $T > T_4$ mehrere Unterscheidungen getroffen werden. Dies soll hier aber nicht weiter vertieft werden, da die Realisierung einer Zeitüberwachung in Rechnern bereits in /2/ und /36/ dargestellt wurde.

4.2.2 Fehlerdiagnose mittels Erkennung unzulässiger Wertekombinationen von Gebern

4.2.2.1 Grundlagen

Ausgangspunkt dieser Diagnosemethode ist die Tatsache, daß die Menge der durch Geber bestimmten binären Eingangsvariablen einer Steuerung im fehlerfreien Fall nur eine bestimmte Anzahl der theoretisch möglichen Wertekombinationen einnimmt. Geberfehler können dazu führen, daß sogenannte "verbotene Zustände" auftreten, d.h. Wertekombinationen von Gebersignalen, die nicht zu diesen zulässigen Zuständen gehören. Zur Fehlererkennung kann man diese Kombinationen laufend per Programm abfragen. Der im folgenden verwendete Begriff "Geberzustände" ist als Abkürzung für die Wertekombinationen der Istwerte binärer Geber zu verstehen.

Bei genauerer Betrachtung sind zwei Arten von unzulässigen Zuständen zu unterscheiden. Im weiteren Sinne sind Geberzustände unzulässig, wenn das durch sie repräsentierte Maschinenabbild nicht mit der Realität übereinstimmt. In dieser Definition sind also alle Geberfehler enthalten. Im engeren Sinne dagegen werden als widersprüchliche Geberzustände nur solche Zustandskombinationen bezeichnet, die aufgrund mechanischer Gegebenheiten an der Maschine, insbesondere aus Gründen der geometrischen Anordnung, ein logisch widersprüchliches Abbild des Maschinenzustand beschreiben. Ein bekanntes Beispiel dafür ist das gleichzeitige Ansprechen der linken und rechten Endbegrenzung einer Vorschubeinheit. Die simultane Anzeige von Oberdruck und Unterdruck stellt einen entsprechenden Widerspruch dar.

Für die Fehlerdiagnose sind folgende Fragen zu stellen:
- Welche Geberkombinationen sind als unzulässig zu betrachten?
- Wie sind diese Kombinationen erkennbar?
- Wie läßt sich der jeweils fehlerverursachende Geber lokalisieren?

Es ist nicht sinnvoll, die Kombinationen sämtlicher Istwerte von den Gebern einer Maschine zu betrachten, da die Werte von Gebern unabhängiger Funktionseinheiten in keinem deterministischen Zusammenhang stehen. Vielmehr sind nur die Geber einzelner unabhängiger oder mehrerer verketteter Funktionseinheiten zu untersuchen. Die erste Aufgabe besteht darin, die für die Diagnose wichtigen Zustandskombinationen aus der Menge der möglichen Geberzustände herauszufinden.

Mathematisch gesehen bilden die Zustandskombinationen von n Gebern einer Funktionseinheit ein 2^n-Eck, in dem es

$$v = 0{,}5 \cdot 2^n(2^n-1)$$

Verbindungslinien zwischen den Eckpunkten gibt. Der vollständige Istwertgraph dieser Funktionseinheit enthält also

$$g = 2^n(2^n-1)$$

gerichtete Kanten. Im Falle von Geberfehlern wird eine dieser g Kanten durchlaufen und ein unzulässiger Zustand eingenommen. Wie die folgende Betrachtung zeigt, ist es jedoch nicht notwendig, sämtliche g Übergänge zu untersuchen.

In Bild 4.12 sind die g = 12 Pfeile in einem Istwertgraphen für n = 2 eingetragen. In einem ersten Schritt a) kann man aufgrund der Voraussetzung von Einzelfehlern die Pfeile zwischen den Übergängen eliminieren, bei denen sich mehr als eine Variable ändert. Im zweiten Schritt b) werden mit gleicher Begründung die von den widersprüchlichen Zuständen, hier (1,1), wegführenden Pfeile weggelassen. Die bleibenden Zustandsübergänge müssen als potentiell fehlerbehaftet betrachtet werden.

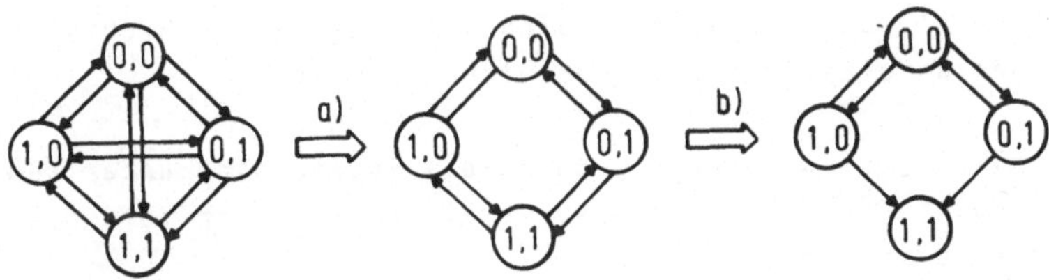

Bild 4.12: Reduktion der möglichen Übergänge zu unzulässigen Zuständen

Untersucht man den reduzierten Istwertgraph Bild 4.12 rechts, so sind bis auf den widersprüchlichen Zustand die anderen drei Zustände nicht unmittelbar als unzulässig erkennbar, da sie innerhalb eines regulären Bewegungsablaufs vorkommen. Sie können jedoch andererseits auch durch Fehler hervorgerufen werden. Eine Unterscheidung dieser beiden Fälle ist nur über eine zeitliche Betrachtung möglich, bei der differenziert wird, ob eine Zustandsänderung mit dem aktuell geforderten mechanischen Ablauf verträglich ist oder nicht. Ändert sich z.B. das Gebersignal einer in Ruhe befindlichen Funktionseinheit, so ist der eingenommene Zustand unter diesen Bedingungen unzulässig. Man erhält also die unzulässigen Zustände, indem man die Zustandskombinationen bildet, die von den einzelnen regulären Zuständen eines Bewegungsablaufs aus als Folge von Geberfehlern entstehen.

4.2.2.2 Darstellung der Methode anhand von Beispielen

Als erstes Beispiel ist dies für ein Bewegungselement nach Abschnitt 4.1.4 in Bild 4.13 anhand eines erweiterten Istwertgraphen (vgl. Bild 4.2) gezeigt. Von jedem der zulassigen Zustande (S_i, S_j)

$$(1,0)\ ,\ (0,0) \text{ und } (0,1)$$

aus gibt es zwei vom Ausgangszustand verschiedene Zustandskombinationen, die als Folge von Einzelfehlern entstehen. Entsprechen diese Kombinationen zulässigen Zuständen, werden sie auf gleiche Höhe gezeichnet. Die fehlerverursachende Variable ist durch Unterstreichen markiert. Zur Vereinfachung wird vorausgesetzt, daß ein Weiterlaufen der Bewegung nach Erreichen eines unzulässigen Zustands nicht erfolgt.

Die unzulässigen Zustande des Beispiels lassen sich unter dem Gesichtspunkt der Fehlerdiagnose verallgemeinert in folgende Kategorien einteilen:

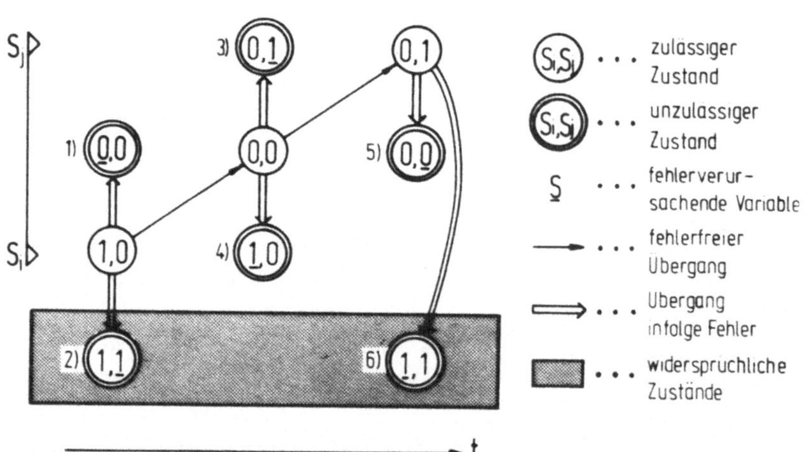

Bild 4.13: Differenzierung der unzulässigen Zustände eines Bewegungselements

I : Widersprüchliche Zustande: 2) und 6).

II : Zustande, die regulär erst zeitlich spater erreicht werden dürften: 3).

III: Zustände, die einer zeitlich zurückliegenden Geberkombination entsprechen: 4).

IV : Zustände, die einer Bewegung entsprechen, aber bei ruhender Funktionseinheit infolge Fehler eingenommen werden: 1) und 5).

Die Fehlererkennung kann entweder durch laufendes Abfragen obengenannter Konstellationen erfolgen oder nur bei Änderung eines Gebersignals aktiviert werden. Die prinzipiellen logischen Gleichungen zur Erkennung eines Fehlers F lauten in beiden Fällen für das Beispiel:

I : $F = S_i \wedge S_j$.

II : $F = S_j \wedge (t<T_2)$, Zeitüberwachung nach Abschnitt 4.2.2.2.

III: $F = (S_i \wedge \overline{S}_j) \wedge$ (Vorzustand $\overline{S}_i \wedge \overline{S}_j) \wedge$ (Befehl A_j).

IV : $F = \overline{S}_i \wedge \overline{S}_j \wedge \overline{\text{Befehl } A_j}$.

Im Fall I wird das widersprüchliche gleichzeitige Ansprechen eines Geberpaars überwacht, das aus mechanischen Gründen nicht gleichzeitig betätigt werden kann. Dieser Fall ist identisch mit der im Abschitt 2.2.3 erwähnten "Paarüberwachung".

Die Fehlerlokalisierung bei unzulässigen Zuständen ist nicht trivial, da es nicht möglich ist, aus alleiniger Betrachtung der Geberkombination auf den fehlerverursachenden Geber zu schließen. Vielmehr muß für diesen Schluß der Zustand vor der letzten Gebersignaländerung herangezogen werden. Setzt man voraus, daß alle Gebersignaländerungen laufend daraufhin überwacht werden, ob sie zu einem unzulässigen Zustand führen, ist zwangsläufig der Geber fehlerverursachend, dessen Signaländerung die Fehlererkennung ansprechen ließ. Der Vorzustand kann als fehlerfrei angenommen werden, da er die Bedingungen zur Fehlererkennung nicht erfüllte. Da das Diagramm Bild 4.13 so gebildet wurde, daß jeder unzulässige Zustand nur durch Änderung einer Variablen aus dem zulässigen "Vorzustand" hervorgeht, ist diese Lokalisierung des fehlerhaften Gebers eindeutig.

Eine Fehlerlokalisierung nach diesem Verfahren müßte also die Geberkombinationen vor und nach einer Gebersignaländerung erfassen und durch Vergleich mit den gemäß Bild 4.13 aufgestellten Folgen die übereinstimmende zuordnen, womit der fehlerverursachende Geber bestimmt wäre. Dieses Vorgehen wäre, insbesondere bei Funktionseinheiten mit mehr als zwei Gebern, äußerst aufwendig. Es ist daher zu fragen, ob nicht das Prozeßabbild, das bei einer nach der Zustandsgraphen-Methode programmierten Steuerung zwangsläufig in der Steuerung mitgeführt wird, zur Fehlerlokalisierung ausgewertet werden kann.

Wie die Tabelle in Bild 4.14 für das Beispiel zeigt, ist dies bei entsprechender Gestaltung der Übergangsbedingungen des Zustandsgraphen in 4 der 6 Fehlerfälle möglich. In der Tabelle sind die zu den 6 unzulässigen Geberkombinationen von Bild 4.13 die zugehörigen Fehlerarten nach Kapitel 3.2 angegeben. Außerdem ist die Zustandsvariable des Steuerungszustands eingetragen, der unmittelbar nach eingetretenem Fehler vorliegt. Aus diesem Zustand und der wegführenden Übergangsbedingung kann, wie in Abschnitt 4.2.4 genauer erklärt wird, der Fehler lokalisiert werden; jedoch nur in den Fällen 2), 6), 1) und 5). Im Fall 3) wird der richtige Geber zu früh betätigt, was nur mit Hilfe einer Zeitüberwachung, jedoch nicht aus dem eingenommenen Zustand Z_j festgestellt werden kann. Auch im Fall 4) ist der Fehler nicht aus dem Zustandsgraphen entnehmbar, da er weder den vorhandenen Zustand Z_{ij} verändert noch sich in der wegführenden Übergangsbedingung auswirkt. Nach Erreichen des Zielgebers S_j kann das gefälschte Gebersignal als Fall 6) diagnostiziert werden, allerdings ist dies nicht gleichwertig.

Die angegebenen Diagnosemöglichkeiten sind nur erreichbar, wenn die Übergangsbedingungen im Zustandsgraphen mit den in Bild 4.14 eingetragenen Verriegelungen versehen sind. Nach

Kategorie	Zustands-nummer	Fehlerart	resultierender Steuerungs-zustand	Lokalisierung mit Hilfe StZ möglich
I "Wider-spruchlich"	2) 6)	S_j s-a-1 S_i s-a-1	Z_i Z_j	ja ja
II "zu früh"	3)	S_j d-f	Z_j	nein
III "zurück-liegend"	4)	S_i d-f	Z_{ij}	nein
IV "nicht ruhend"	1) 5)	S_i s-a-0 S_j s-a-0	Z_i Z_j	ja ja

StZ. Steuerungszustand

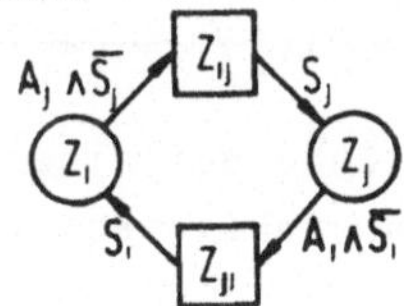

Bild 4.14: Zuordnung der unzulässigen Zustände aus Bild 4.13 zum Zustandsgraph

welchen Gesichtspunkten diese zu wählen sind, wird im nächsten Abschnitt erläutert.

Am Beispiel einer Funktionseinheit mit n = 3 Gebern soll gezeigt werden, wie das angegebene Verfahren auf beliebige Funktionseinheiten übertragen werden kann. Bei einer translatorischen Funktionseinheit mit den Endebegrenzungen S_i und S_k sei ein Bereich vor S_k mit einer Nockenleiste gekennzeichnet, die auf den Geber S_j wirkt (Bild 4.15). Für eine Bewegung von S_i nach S_k sind die unzulässigen Zustände folgendermaßen zu bestimmen und zu klassifizieren:

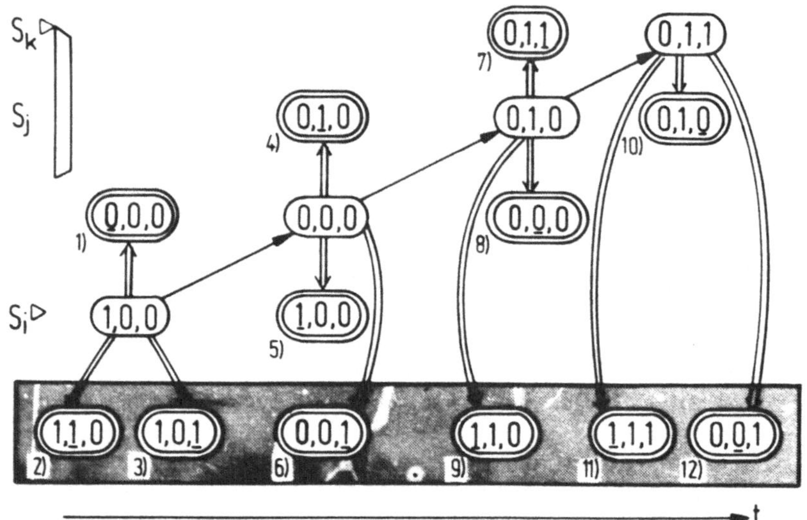

Bild 4.15: Unzulässige Zustände bei einer durch drei Geber gekennzeichneten Funktionseinheit

1. Aufstellen der regulären Folge von Geberkombinationen (S_i, S_j, S_k).
2. Eintragen der n = 3 Zustände pro fehlerfreiem Zustand, die sich durch Änderung je einer Binärstelle ergeben (es werden nur Einzelfehler betrachtet).
3. Einordnen der Geberkombinationen in die Kategorien I...IV entsprechend Bild 4.14.
4. Bestimmen der Zustandsvariablen, die sich in der Steuerung als unmittelbare Fehlerauswirkung ergeben.
5. Ermitteln, ob mit Auswertung von Steuerungszustand und wegführender Übergangsbedingung eine Lokalisierung des Fehlers möglich ist.

Aus dem erweiterten Beispiel in Bild 4.15 sind folgende Erkenntnisse ableitbar:

a) Widersprüchliche Zustände treten nicht notwendigerweise in Zusammenhang mit Geberpaaren auf. Dies wird an den Zuständen 6), 11) und 12) deutlich. Der vielfach verwendete Begriff "Paarüberwachung" beschreibt also nur einen, wenn auch häufigen, Sonderfall.

b) Fehler, bei denen ausgehend von einem Bewegungszustand ein Gebersignal so gefälscht wird, daß ein zeitlich zurückliegender (Fall 5) und 8)) oder widersprüchlicher (Fall 6) und 9)) Zustand entsteht, bilden sich auf den Zustandsgraphen der Steuerung nicht direkt ab. Sie können jedoch in vielen Fällen als stationäre Fehler im nächsten Ruhezustand diagnostiziert werden (Fall 5) als Fall 11) usw.).

c) Die dynamische Erkennung der Sonderfälle nach b) bietet in manchen Fällen Diagnosemöglichkeiten, die zur Sicherheit beitragen. Es bewirke z.B. die Betätigung von S_j die Umschaltung von Eilgang auf Arbeitsvorschub einer Bohreinheit. Der durch den Fehler S_j s-a-0 mögliche Schaden, daß mit Eilgang in das Werkstück gefahren wird, kann durch Abfrage von S_j beim Start aus dem Ausgangszustand nicht verhindert werden. Falls der Fehler bei der Rückbewegung $S_k \rightarrow S_i$ als Fall 8) eintritt, ist er jedoch erkennbar. Der entsprechende Fehlererkennungsalgorithmus für Kategorie III kann in diesem Fall also Schäden verhindern, was bei der Beurteilung des Aufwands zu beachten ist.

4.2.2.3 Realisierung

Wie bereits ausgeführt, ist die naheliegende Realisierung dieser Methode über logische Gleichungen, die die unzulässigen Wertekombinationen decodieren, zur Fehlererkennung geeignet. Zur Fehlerlokalisierung wird jedoch eine Zusatzinformation über die Vorgeschichte des Fehlers benötigt, die bei Verwendung von Zustandsgraphen in besonders übersichtlicher Form bereitstellbar ist. Außerdem lassen sich damit, wie Bild 4.16 zeigt, auch sicherheitsgefährdende Konstellationen verhindern.

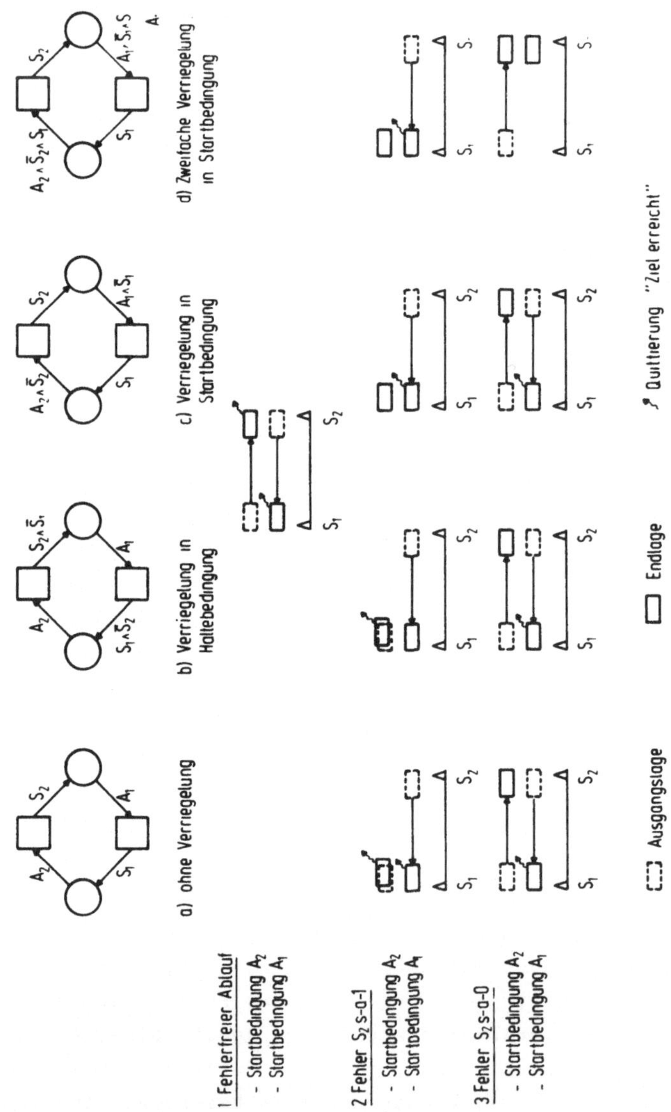

Bild 4.16: Erkennung unzulässiger Geberzustände durch Einfügen von Verriegelungsbedingungen in Zustandsgraphen

Der Grundgedanke besteht darin, Verriegelungen in die logischen Gleichungen der Obergangsbedingungen so einzufügen, daß im Fehlerfall das Weiterschalten des Zustandsgraphen unterbrochen wird. Dazu sind die in Bild 4.16 dargestellten Möglichkeiten b)...d) zu unterscheiden. Ohne Verriegelung wird (Fall a)) beim Fehler S_2 s-a-1 das Erreichen des Ziels S_2 quittiert, ohne daß dies mechanisch gegeben ist. Im Fall b) wird die Quittierung erst bei der entgegengesetzten Bewegung (Startbedingung A_1) verhindert. Daher ist Möglichkeit c), bei der sowohl die Bewegung als auch die Quittierung im Fehlerfall nicht erfolgt, vorzuziehen.

Der im letzten Abschnitt angesprochene Fall, daß infolge eines Geberfehlers S s-a-0 ein Schaden eintritt, kann zwar nicht vollständig, aber für einen Teil der Fehlerfälle mit einer Verriegelungsbedingung nach Bild 4.16d) verhindert werden. Wie man rechts unten sieht, kann das Verlassen des defekten Gebers S_2 verhindert werden, damit auch sein erneutes Anfahren. Da dies nicht für alle Fehlereintrittszeitpunkte gilt, ist diese Möglichkeit nur bei besonders hochwertigen Anlagen von Bedeutung.

4.2.3 Vergleich des Steuerungszustands mit Fehlermustern

4.2.3.1 Problemstellung und Lösungsprinzip

Während die in den vorigen Abschnitten vorgestellten Methoden "Zeitüberwachung" und "Erkennung unzulässiger Geberzustände" primär zur Fehlererkennung dienen, löst diese dritte Methode die Aufgabe, nach erfolgter Erkennung das fehlerhafte Bauelement zu lokalisieren.

Ausgangspunkt der Methode ist die Analyse des nach eingetretenem Fehler statisch vorliegenden Steuerungszustands, womit das steuerungsinterne Prozeßabbild, d.h. die aktuellen logischen Werte von Eingaben, Ausgaben und Zustandsvariablen (Merkern), gemeint ist. Diese Größen nehmen nach Eintritt eines Fehlers Werte an, die für den jeweiligen Fehler charakteristisch sind. Man kann daher rückwärts von den eingenommenen Werten auf den verursachenden Fehler schließen, wenn die Zuordnung zwischen Steuerungszustand und Fehlerursache bekannt ist. Es wird vorgeschlagen, diese Zuordnung in Form einer Tabelle in einem Rechner abzulegen. Damit ist es möglich, nach eingetretenem Fehler durch Vergleich der abgespeicherten Werte mit dem aktuellen Steuerungszustand auf den zutreffenden Fehlerfall zu schließen (Bild 4.17).

Für die Anwendung dieses Prinzips müssen folgende Fragen untersucht werden:

- Wie eindeutig ist die Fehlerlokalisierung, die mit der Abbildung von Steuerungszustand auf Fehlerursache möglich ist?
- Wie kann man den sich im Fehlerfall einstellenden Steuerungszustand systematisch bestimmen?

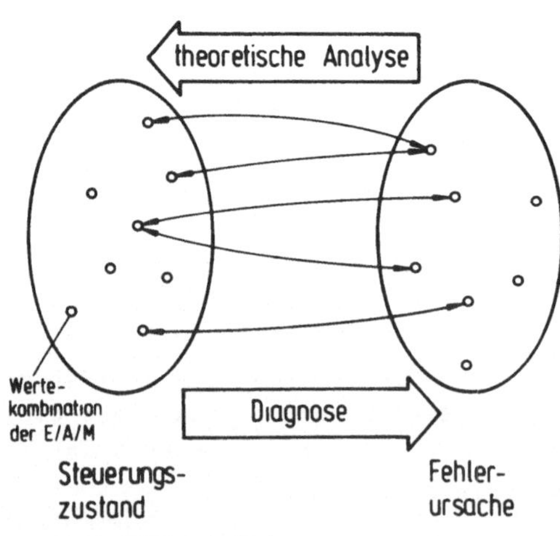

Bild 4.17: Abbildung der Fehlerursachen auf den Steuerungszustand

- Wie läßt sich die Zuordnung von Steuerungszustand und Fehlerursache programmtechnisch so gestalten, daß sie den Anforderungen (vgl. Abschnitt 4.1.1) genügt?

Diese Probleme werden in den nächsten Abschnitten behandelt.

4.2.3.2 Bestimmung des für den Fehlerfall spezifischen Steuerungszustands

Um die obengenannte Zuordnung zwischen Steuerungszustand und Fehlerfall zu bestimmen, kann auf Abschnitt 4.1.4 zurückgegriffen werden. Ausgehend von der Zerlegung beliebiger Zustandsgraphen in Bewegungselemente wurden die Fehlerauswirkungen an diesem in Tabelle 4.1 zusammengestellt. Um von hier zu einer allgemeingültigen Bestimmung des Steuerungszustands im Fehlerfall zu kommen, müssen zwei weitere Punkte beachtet werden. Erstens kann die Fehlerfamilie γ nicht durch statische Analyse des Prozeßabbilds, sondern nur durch Zeitüberwachung (vgl. Abschnitt 4.2.1.2) diagnostiziert werden. Damit entfällt diese Zeile für diese Methode. Zweitens ist auch die Startbedingung A_j als möglicherweise fehlerbehaftet anzunehmen. Der Startbefehl selbst ist zwar nicht direkt von steuerungsexternen Elementen abhängig, jedoch können sich Fehler in anderen Funktionseinheiten (vgl. Abschnitt 4.2.4) oder nicht erfüllte Verriegelungsbedingungen als Ausbleiben der Startbedingung auswirken (Bild 4.18). Daher muß auch der Ausgangszustand Z_i als mögliche Zustandsvariable Z im Fehlerfall aufgeführt werden. Zusammenfassend sind also folgende Fälle zu betrachten:

I. Widersprüchliche Geberkombinationen, die z.B. als Verriegelungsbedingungen in der Startbedingung auftreten.
II. Fehlende Vorbedingung aus anderer FE.
III. Fehlerfamilie α (vgl. Tabelle 4.1).
IV. Fehlerfamilie β (vgl. Tabelle 4.1).

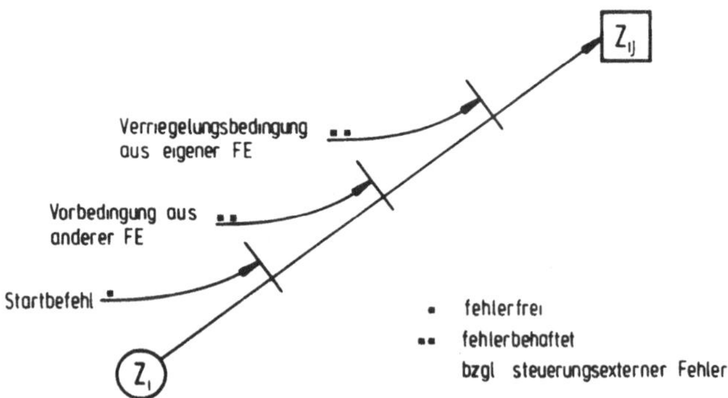

Bild 4.18: Gliederung einer Startbedingung

Die Fehlerauswirkungen der gesamten Funktionseinheit erhält man, indem die für die einzelnen Bewegungselemente gefundenen Steuerungszustände zusammengestellt werden. In Bild 4.19 ist dies am Beispiel der Funktionseinheit von Bild 4.2 gezeigt. Infolge der Symmetrie der Funktionseinheit ergibt sich die untere Hälfte der Tabelle aus der oberen durch Vertauschen der Indizes 1 und 2. Nach eingetretenem Fehler kann durch Vergleich des aktuellen Steuerungszustands mit den in dieser Tabelle abgelegten Fehlermustern der Fehler lokalisiert werden, allerdings mit der durch die Fehlerfamilien gegebenen Ungenauigkeit.

Beim Aufstellen der Tabelle für beliebige Zustandsgraphen sind die in Bild 4.20 gezeigten Sonderfälle zu beachten. Da Ein- und Ausgangsvariablen an mehreren Stellen eines Zustandsgraphen auftreten können, führen die mit ihnen zusammenhängenden Fehler auch zu verschiedenen Steuerungszuständen, je nachdem, welche Obergangsbedingung nach Fehlereintritt zuerst aktiviert wird (Bild 4.20a). Diese Mehrdeutigkeit der Abbildung Fehlerursache → Steuerungszustand ist auch in Bild 4.17 dargestellt. Der Rückschluß Steuerungszustand → Fehlerursache bleibt jedoch davon unbeeinflußt. Außerdem gibt es den Fall, daß die Haltebedingung eines Bewegungselements gleichzeitig

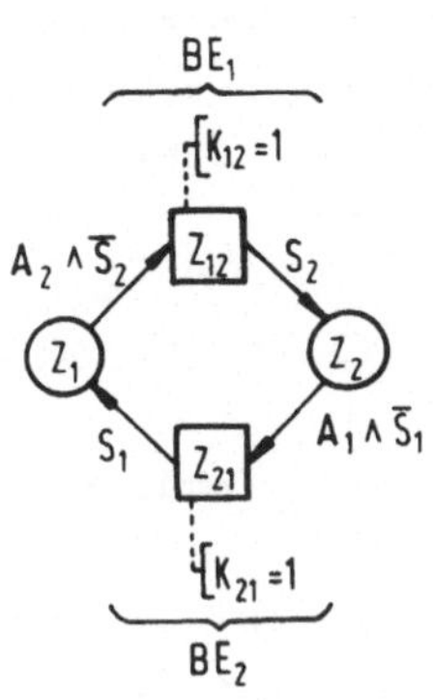

BE .. Bewegungselement

Fall		charakteristischer Steuerungszustand $Z,(S_1,S_2)$	verursachende Fehler
BE_1	I	$Z_1,(1,1)$	S_2 s-a-1
	II	$Z_1,(1,0)$	A_2 fehlt
	III	$Z_{12},(1,0)$	K_{12} s-a-0 oder B_{12} n-a
	IV	$Z_{12},(0,0)$	S_2 s-a-0 oder B_{12} n-b
BE_2	I	$Z_2,(1,1)$	S_1 s-a-1
	II	$Z_2,(0,1)$	A_1 fehlt
	III	$Z_{21},(0,1)$	K_{21} s-a-0 oder B_{21} n-a
	IV	$Z_{21},(0,0)$	S_1 s-a-0 oder B_{21} n-b

Bild 4.19: Zuordnung von Steuerungszustand und Fehlerfällen bei einer aus zwei Bewegungselementen bestehenden FE

a) gleiche Fehlerursache bei verschiedenen Steuerungszuständen

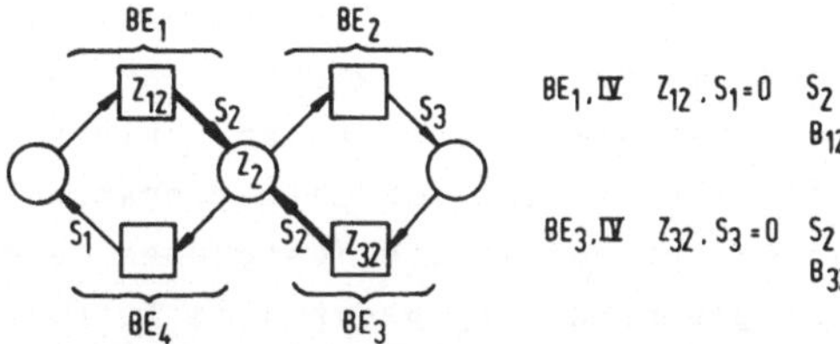

b) gleiche Fehlerursache bei gleichen Steuerungszuständen

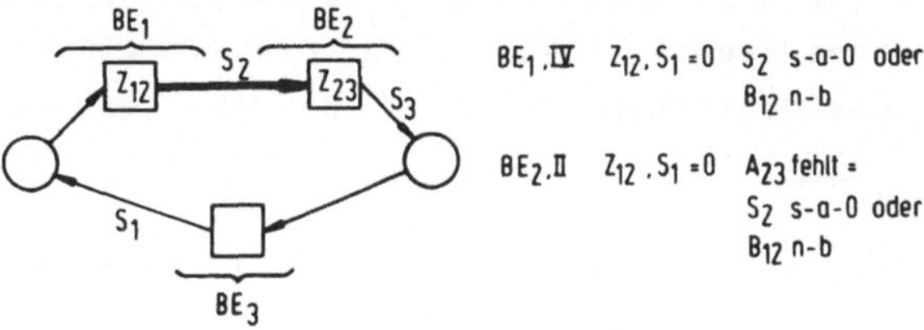

BE Bewegungselement

Bild 4.20: Sonderfälle bei der Bestimmung des Steuerungszustands im Fehlerfall

Startbedingung eines anderen ist. Damit treten die zu dieser Übergangsbedingung gehörenden Fehlerzeilen in beiden Bewegungselementen auf und können einmal in der Tabelle gestrichen werden (Bild 4.20b).

4.2.3.3 Fehlerlokalisierung mit Fehlerauswirkungsmatrizen

Nach dem Bestimmen der Zuordnung zwischen Fehlerursachen und Steuerungszustand ist nun zu fragen, wie diese Zuordnung so implementiert werden kann, daß sie den gestellten Anforderungen (vgl. Abschnitt 4.1.1) genügt. Dabei sollen vorerst gerätetechnische Gesichtspunkte, auf die im Abschnitt 4.3 eingegangen wird, unberücksichtigt bleiben. Es sei lediglich vorausgesetzt, daß die Diagnose per Programm in einem Gerät verwirklicht werden soll, das Zugriff auf die Eingaben, Ausgaben und Merker der Steuerung hat.

Im Gegensatz zur Fehlererkennung, die in enger Verbindung zum Steuerprogramm steht, kann die Fehlerlokalisierung als eigenständiges Programm realisiert werden, das von den Erkennungsroutinen gestartet wird. Die mit der Fehlererkennung verbundene grobe Fehlereingrenzung ist selbstverständlich als erstes auszuwerten. Danach müssen die Testgrößen, d.h. die Zustandsvariablen, Eingaben und gegebenenfalls Ausgaben auf die für die einzelnen Fehlerfälle charakteristischen Werte abgefragt werden. Ein solches Fehlersuchprogramm hat die logische Struktur eines Baumes, dessen Enden die einzelnen Fehler und dessen Äste die möglichen Wege durch die Abfragen repräsentieren (Bild 4.21).

Der Aufbau eines Programms zur Fehlerlokalisierung nach diesem Schema ist nicht zweckmäßig, da es eine zugeschnittene Lösung für ein spezielles Diagnoseproblem darstellt. Für eine andere Fertigungseinrichtung ist es nicht verwendbar. Es wird stattdessen vorgeschlagen, problemspezifische Daten und gene-

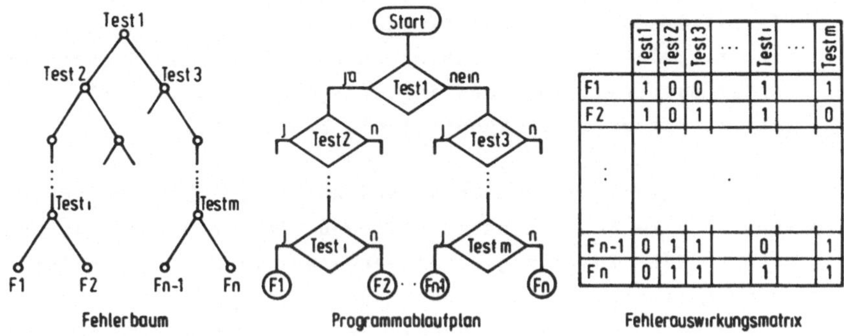

Fi Fehler i (i = 1,2,3, ...,n)

Bild 4.21: Zusammenhang zwischen Fehlerbaum und Fehlerauswirkungsmatrix.

relles Suchprogramm zu trennen. Dies wird erreicht, indem man den Baum abbildet in eine Matrix, deren Zeilen den einzelnen Fehlern und deren Spalten den an den Verzweigungen abzufragenden Testgrößen entsprechen (Bild 4.21). Eine Matrixzeile enthält also diejenigen Werte der Testgrößen, die sich an der Steuerung als charakteristische Auswirkung des betrachteten Fehlers einstellen. Diese Matrix wird deshalb als Fehlerauswirkungsmatrix bezeichnet. Anstatt dasjenige Ende des Baumes zu suchen, dessen Ast dem im Fehlerfall gegebenen Steuerungszustand entspricht, hat das Programm nun die Aufgabe, die dem Steuerungszustand entsprechende Matrixzeile zu finden.

Diese Art der Programmierung des Lokalisierungsalgorithmus bietet folgende Vorteile:

- Nach einmaliger Erstellung des Suchprogramms ist für jede neue Aufgabe nur eine neue Fehlerauswirkungsmatrix zu erstellen. Der Anwender muß dafür, wie in Abschnitt 4.1.1 gefordert, keine Kenntnisse einer Programmiersprache besitzen.
- Die problemspezifischen Daten sind leicht änderbar und erweiterbar durch Austauschen oder Hinzufügen von Matrixzeilen.

- Die Fehlerauswirkungsmatrix stellt eine klar definierte Schnittstelle zu einem denkbaren übergeordneten System dar, in dem die Ermittlung des Steuerungszustands im Fehlerfall automatisch erfolgen könnte (vgl. Kapitel 5).

Die bisherigen Ausführungen dieses Abschnitts sind unabhängig davon, ob eine Steuerungsbeschreibung mit Stromlaufplan, Funktionsplan oder Zustandsgraphen verwendet wird. Ein wesentlicher Vorteil ergibt sich jedoch nur bei Verwendung von Zustandsgraphen. Da sie ein Modell der zu steuernden Funktionseinheiten darstellen, kann eine einmal abgeleitete Fehlerauswirkungsmatrix auch für andere Funktionseinheiten verwendet werden, für die dieses Modell zutrifft. Die Matrizen für diese anderen Funktionseinheiten erhält man durch einfaches Ersetzen der Variablennamen /46/. Damit wird die Erstellung von Diagnoseprogrammen für solche Fertigungseinrichtungen, die aus stets wiederkehrenden Baugruppen konstruiert werden, z.B. Transferstraßen, wesentlich vereinfacht, da das erneute Durchdenken vieler Fehlerfälle entfällt.

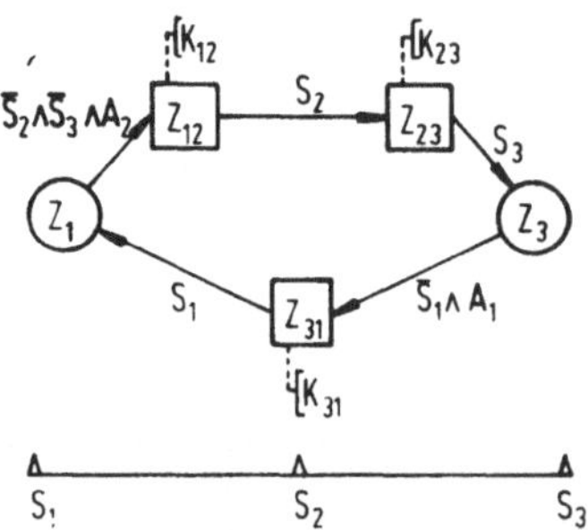

Nr.	Z	S_1	S_2	S_3	Fehlerursache
1	Z_1	1	1	0	S_2 s-a-1
2	Z_1	1	0	1	S_3 s-a-1
3	Z_1	1	0	0	A_2 fehlt
4	Z_{12}	1	0	0	K_{12} s-a-0 v B_{12} n-a
5	Z_{12}	0	0	0	S_2 s-a-0 v B_{12} n-b
6	Z_{23}	0	1	0	K_{23} s-a-0 v B_{23} n-a
7	Z_{23}	0	0	0	S_3 s-a-0 v B_{23} n-b
8	Z_3	1	0	1	S_1 s-a-1
9	Z_3	0	0	1	A_1 fehlt
10	Z_{31}	0	0	1	K_{31} s-a-0 v B_{31} n-a
11	Z_{31}	0	0	0	S_1 s-a-0 v B_{31} n-b

Bild 4.22: Fehlerauswirkungsmatrix für die Bohreinheit einer Transferstraße

Als Beispiel sei die bereits in Abschnitt 4.2.2.2 erwähnte Bohreinheit einer Transferstraße angeführt. Die Fehlerauswirkungsmatrix (Bild 4.22) dieser aus drei Bewegungselementen bestehenden Funktionseinheit läßt sich gemäß Bild 4.19 und 4.20 bilden. Die Matrix einer mechanisch ähnlich aufgebauten Einheit, die mit einem gleichartigen Zustandsgraphen gesteuert wird, entsteht durch Ersetzen der Variablen $S_1 ... S_3$, $K_{12} ... K_{31}$ und $B_{12} ... B_{31}$ durch die entsprechenden Größen der anderen Einheit. Die Startbedingungen A_1 und A_2 sind anwendungsspezifische Gleichungen. Ihre Bedeutung für die Fehlerdiagnose wird im nächsten Abschnitt behandelt.

4.2.4 Fehlerdiagnose bei verketteten Funktionseinheiten

Bisher wird nur die Diagnose an einzelnen Funktionseinheiten betrachtet. Wie bereits in Abschnitt 4.1.3 ausgeführt, bestehen komplexe Baugruppen von Fertigungseinrichtungen jedoch aus zusammengesetzten Funktionseinheiten, sogenannten Funktionsgruppen. Dem mechanischen Zusammenwirken der Funktionseinheiten entsprechend erfolgt eine informationstechnische Verkettung in der Steuerung. Sie hat entweder zum Ziel, eine Funktion nur unter einer bestimmten Kombination von Voraussetzungen zu starten (kombinatorische Verkettung) oder einen bestimmten zeitlichen Ablauf zu bewirken (sequentielle Verkettung). In Fertigungssystemen, bei denen Maschinen mit Transport- oder Handhabungseinrichtungen verbunden sind, tritt dieses Problem der gegenseitigen Beeinflussung von Funktionseinheiten sogar über die Grenzen von Geräten hinweg auf (Verkettung von Teilsystemen /36/). Im folgenden werden alle drei Fälle unter dem Oberbegriff "verkettete Funktionseinheiten" zusammengefaßt.

4.2.4.1 Diagnosefreundliche Steuerungsbeschreibung

Untersuchungen an praktischen Beispielen (Bearbeitungszentren, Transferstraßen) zeigen, daß die steuerungstechnische

Verknüpfung von Funktionseinheiten untereinander häufig sehr komplex ist, d.h. daß eine Vielzahl von Verriegelungen und Startvoraussetzungen aus anderen Funktionseinheiten die Startbedingungen der betrachteten Funktionseinheit beeinflussen. In diesen Fällen ist der Zusammenhang zwischen Fehlerauswirkung und Fehlerursache entsprechend schwierig herzustellen, da sich damit ein Fehler auf verschiedene Einheiten auswirken kann.

Voraussetzung für allgemeingültige Aussagen und eine einfache Diagnose ist eine übersichtliche Darstellung der Struktur der Verkettung, die auch komplizierten Konfigurationen gerecht wird. Es bestehen folgende Möglichkeiten:
- Schrittkette (nach DIN 40719 /33/, Funktionsplan).
- Direkt verkettete Zustandsgraphen.
- Ober Ablaufgraphen indirekt verkettete Zustandsgraphen.

Eine weit verbreitete Art der Darstellung, die sich insbesondere für sequentielle Verkettung eignet, ist die Schrittkette. Bild 4.23 zeigt vereinfachend als Beispiel einen Werkzeugwechselvorgang, bei der 5 Aktionen zu einem starren Ablauf verknüpft sind. Als Weiterschaltbedingung zum nächsten Schritt gilt das Erreichen des Zielgebers des jeweiligen Schrittes. Im allgemeinen steht hier eine Verknüpfung mehrerer Geber. Auf dieses Darstellungsmittel wird im folgenden nicht weiter eingegangen, da es folgende Nachteile aufweist:
- Die Zuordnung von Aktionen zu Funktionseinheiten ist nicht darstellbar (im Beispiel: Schritt 2 "Arm ausfahren" und Schritt 4 "Arm einfahren" gehören zu einer FE). Daraus resultiert eine geringe Obersichtlichkeit, da nicht direkt erkennbar ist, auf welche Schritte die Variablen einer Funktionseinheit einwirken. Außerdem sind Geberpaare zur Erkennung unzulässiger Geberkombinationen nicht offensichtlich.
- Nur der gesamte Ablauf ist testbar, nicht dagegen einzelne Funktionseinheiten getrennt.
- Die Verkettung mehrerer Abläufe mit einer Funktionseinheit ist nicht darstellbar.

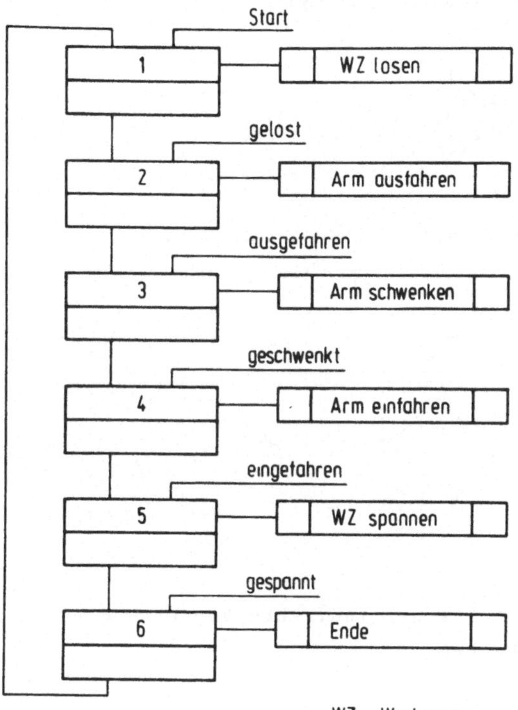

Bild 4.23: Beispiel Werkzeugwechsel, dargestellt als Schrittkette

Diese Nachteile vermeiden direkt verkettete Zustandsgraphen, auch "unstrukturiert verkettete Funktionseinheiten" genannt /36/; das entsprechende Beispiel zeigt Bild 4.24a). Hier werden die Zustandsgraphen der Funktionseinheiten direkt mit den in Abschnitt 4.1.3 angeführten Synchronisationselementen verbunden. Im Beispiel löst das Erreichen des Ruhezustands einer Funktionseinheit bei der nachfolgenden den Übergang in den aktiven Zustand aus. Allerdings ist bei dieser Darstellung der Ablauf nicht so klar erkennbar wie bei der Schrittkette. Für Verkettungen, bei denen der kombinatorische Charakter vorherrscht, ist diese Darstellung jedoch geeignet.

a) direkte Verkettung von Zustandsgraphen

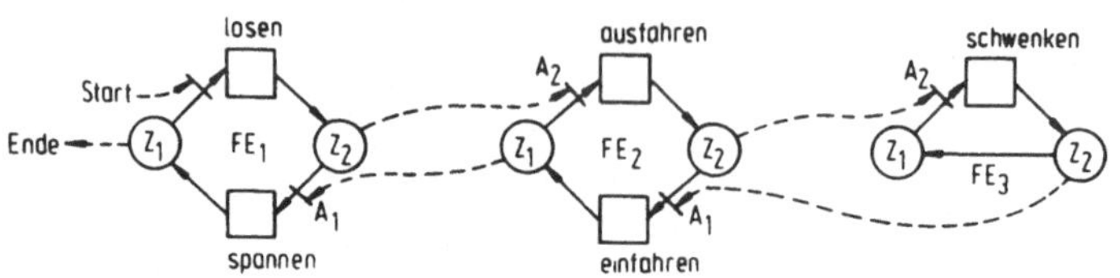

b) indirekte Verkettung von Zustandsgraphen über Ablaufgraph

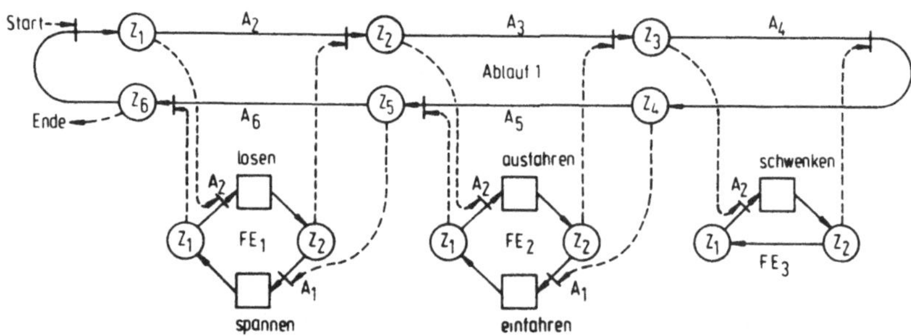

Bild 4.24: Direkte und indirekte Verkettung von Zustandsgraphen

Die Vorteile beider Darstellungen vereinigt die indirekte Verkettung von Zustandsgraphen über Ablaufgraphen (Bild 4.24b). Den einzelnen Zustandsgraphen der Funktionseinheiten wird ein (oder mehrere) zusätzlicher Graph überlagert, der den Ablauf charakterisiert und folglich Ablaufgraph genannt wird. Jede der sequentiell erfolgenden Aktionen bildet einen Zustand dieses Graphen, der damit Ähnlichkeit mit einer Schrittkette hat. Allerdings bewirkt das Erreichen eines dieser Zustände nicht wie bei der Schrittkette direkt das Setzen einer Ausgabe, sondern liefert nur eine Vorbedingung für die Startbedingung im Zustandsgraphen der entsprechenden Funktionseinheit (vgl. Bild 4.24b). Damit liefert diese Darstellung sowohl eine Aussage über die momentane Stellung innerhalb des Ablaufs als auch über den Zustand jeder einzelnen Funktionseinheit. Wirkt eine Funktionseinheit bei mehreren Abläufen mit, z.B. die FE "Spindel richten" eines Bearbeitungszentrums bei den Abläufen "Getriebe schalten" und "Werkzeugwechsel", gehen entsprechend mehrere gestrichelte Synchronisationspfeile von und zu den Zustandsgraphen der Funktionseinheit. Dieser Zusammenhang, der für die Diagnose äußerst wichtig ist, da sich Fehler einer solchen Funktionseinheit in mehreren Abläufen auswirken, läßt sich mit einer Schrittkette nicht beschreiben.

Das Aufteilen der Steuerungsbeschreibung in Zustandsgraphen der FE und eine übergeordnete Ebene, die Abläufe darstellt, wurde bereits in /36/ vorgeschlagen ("strukturiert verkettete Funktionseinheiten"). Allerdings wird dort noch eine zwischen beiden Ebenen liegende Merkerebene eingeführt, die nicht zur Übersichtlichkeit beiträgt und als nicht zwingend erforderlich betrachtet wird.

4.2.4.2 Abgrenzung der betrachteten Fälle von Fehlerfortpflanzung

Das grundsätzliche Problem bei der Diagnose an verketteten Funktionseinheiten besteht darin, daß sich ein Fehler in einer FE sowohl durch eine mechanische Verkoppelung als auch durch eine informationstechnische Verknüpfung in der Steuerung auf andere Funktionseinheiten auswirken kann. Durch diese Fehlerfortpflanzung kann eine fehlerfreie FE ein fehlerhaftes Verhalten zeigen.

Zwei Beispiele sollen dies veranschaulichen (Bild 4.25). Bei der angeführten Werkzeugwechseleinrichtung wird der Wechselarm dann eingezogen (Bewegung B_2), wenn die vorhergehende Schwenkbewegung (B_1) abgeschlossen ist. Erreicht bereits Bewegung B_1 ihr Ziel, den Grenztaster S_1, nicht, fehlt für die Bewegung B_2 die Startvoraussetzung. Dies ist mit den an der Steuerung vorliegenden Signalen feststellbar (S_1 s-a-0). Bei verschobenem Grenztaster S_1 jedoch kann es vorkommen, daß die

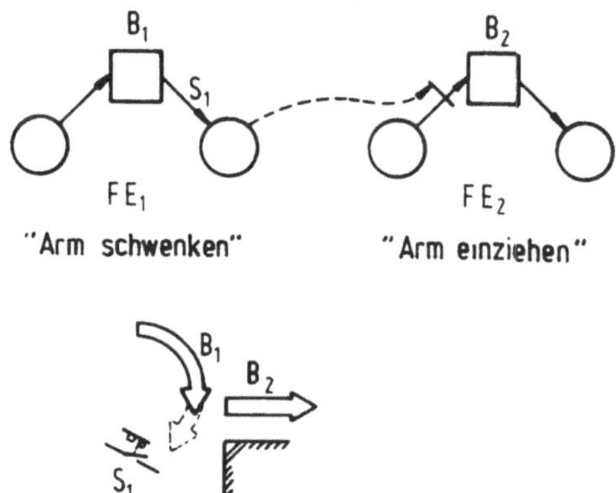

Bild 4.25: Fehlerfortpflanzung am Beispiel der Werkzeugwechseleinrichtung

Bewegung B_2 infolge eines mechanischen Hemmnis nicht ausführbar ist, obwohl aus Sicht der Steuerung die Voraussetzungen erfüllt sind. Es ist sogar möglich, daß die Bewegung B_2 trotz der falsch ausgeführten Bewegung B_1 nicht beeinträchtigt wird, sich dieser Fehler jedoch erst in einem späteren Schritt des Ablaufs auswirkt. Die Zahl der Schritte zwischen Fehlereintritt und erkennbarer Fehlerauswirkung kann beliebig groß sein, z.B. kann ein schief gespanntes Werkstück die Bearbeitungsschritte einer Transferstraße scheinbar fehlerfrei durchlaufen und erst in der Entnahmevorrichtung klemmen, d.h. zu einem mit Hilfe der Gebersignale feststellbaren Fehler führen.

Demnach lassen sich zwei Fälle unterscheiden:

1) Das (gestrichelt gezeichnete) Synchronisierungssignal von dem Zustandsgraphen einer anderen Funktionseinheit trifft nicht ein.
2) Infolge eines aus Sicht der Steuerung nicht erkennbaren mechanischen Fehlers einer anderen Funktionseinheit kann die betrachtete Funktionseinheit ihre Aktion nicht oder fehlerhaft ausführen.

Nur die zum Fall 1) gehörenden Fehler sind mit den getroffenen Voraussetzungen erkennbar und lokalisierbar. Wird im Fall 2) das ordnungsgemäße Ausführen einer Aktion mechanisch verhindert, so läßt sich dieser Fehler zwar mittels Zeitüberwachung erkennen, jedoch aufgrund fehlender Informationen nicht lokalisieren. Im folgenden wird nur noch Fall 1) betrachtet.

4.2.4.3 Diagnose mittels Zeitüberwachung und Fehlerauswirkungsmatrizen

Zur Diagnose verketteter Funktionseinheiten wird eine zweistufige Vorgehensweise vorgeschlagen: Eine bestimmte Anzahl von Zustandsgraphen, z.B. die zu einer Funktionsgruppe gehörigen, werden zur Fehlererkennung einer Zeitüberwachung unterzogen. Bei erkanntem Fehler werden innerhalb dieser Gruppe die Fehlerauswirkungsmatrizen der Zustandsgraphen nach dem Fehler durchsucht.

Für das Prinzip der Fehlererkennung mittels Zeitüberwachung gilt das in Abschnitt 4.2.1 Gesagte. Während dort das Objekt der Überwachung jedoch ein einzelnes Bewegungselement war, ist es hier eine Anzahl von verketteten Bewegungselementen. Die Frage, wieviele Bewegungselemente mit einer Zeitüberwachung zusammengefaßt werden, läßt sich allgemein nicht beantworten. Es gibt folgende Möglichkeiten:

1) Keine Zusammenfassung, Zeitüberwachung jedes einzelnen Bewegungselements.
2) Zusammenfassung der gemeinsam beauftragbaren, d.h. zu einem Ablauf gehörenden Bewegungselemente einer Funktionseinheit.
3) Zusammenfassung von Abläufen einer Funktionsgruppe, die aus mehreren Funktionseinheiten besteht.
4) Zusammenfassung von Abläufen mehrerer Funktionsgruppen, die von einem übergeordneten System beauftragt werden.

Je kleiner der Umfang der zusammengefaßten Einheiten ist, desto genauer ist damit die Fehlerursache lokalisiert. Der Extremfall 1) hat jedoch infolge des erheblichen Aufwands nur theoretische Bedeutung. Je mehr Einheiten gemeinsam zeitüberwacht werden, desto umfangreicher wird die Fehlerlokalisierung innerhalb der zusammenhängenden Einheiten. Die günstigste Aufteilung ist unter Beachtung der gerätetechnischen Randbedingungen (vgl. Abschnitt 4.3) im Einzelfall zu entscheiden. Im allgemeinen stellen die Möglichkeiten 2) und 3) einen Kompromiß zwischen zu hohem Aufwand für die Fehlererkennung und einer zu weitverzweigten Fehlerlokalisierung dar.

Mit Ausnahme von Fall 1) ist also immer ein bestimmter Ablauf Gegenstand der Zeitüberwachung. Beinhaltet ein Ablauf das Zusammenwirken mehrerer Geräte, sind Fehlerauswirkungen über Gerätegrenzen hinweg zu betrachten, was anhand von Bild 4.26 untersucht werden soll. Überall dort, wo das Erreichen eines Gebers einem zweiten Gerät zur Koordination gemeldet wird,

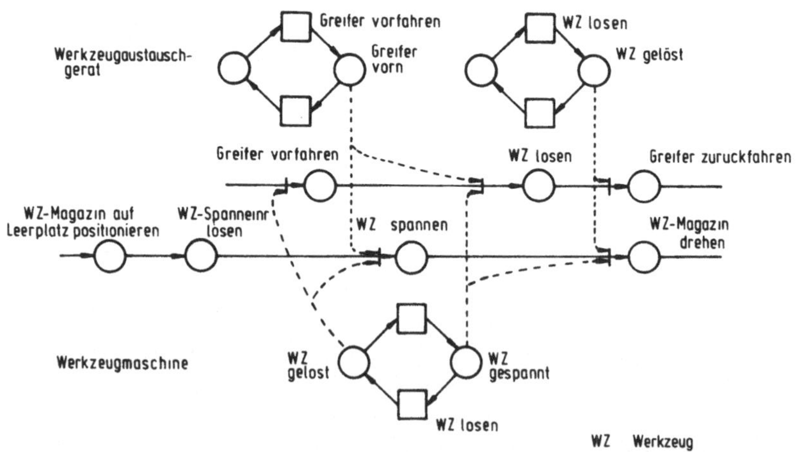

Bild 4.26: Synchronisation zweier Geräte am Beispiel eines Werkzeugaustauschgeräts und einer Werkzeugmaschine

ist dies von Bedeutung. Das Beispiel stellt die Synchronisation zwischen einem Werkzeugaustauschgerät und einer Werkzeugmaschine dar, wobei nur die Übergabe eines Werkzeugs vom Austauschgerät in die Maschine betrachtet wird. Die Abläufe in jedem der beiden Geräte sind dadurch charakterisiert, daß sowohl eigene Funktionseinheiten als auch die des anderen Geräts auf die Weiterschaltbedingungen einwirken. Dies wird auch durch die Verzweigungen an den gestrichelten Synchronisationspfeilen deutlich.

Weist nun eine der Funktionseinheiten einen Fehler auf, der das Weiterschalten verhindert, so ist sowohl der eigene Ablauf als auch der des anderen Geräts unterbrochen. Würde man jeweils die gesamten waagrecht gezeichneten Ablaufgraphen mit einer Zeitgrenze überwachen, so hätten diese Fehler zur Folge, daß jeder Ablauf je einen Fehler melden würde, und zwar zu verschiedenen Zeitpunkten. Um dies zu verhindern und die Fehlerlokalisierung auf ein Gerät zu beschränken, müssen solche Abläufe in kleinere Zeitabschnitte unterteilt werden. Aus dem Dargestellten ist als Regel zu folgern, daß diese Abschnitte maximal die Aktionen zwischen zwei aufeinanderfolgenden Synchronisationspfeilen mit dem anderen Gerät umfassen dürfen.

Der zweite Schritt bei der Diagnose verketteter Funktionseinheiten ist die Fehlerlokalisierung innerhalb der durch die Zeitüberwachung eingegrenzten Gruppe von Funktionseinheiten. Wie bereits ausgeführt, sind dazu die Verknüpfungen der Zustandsgraphen untereinander zu analysieren. Dabei müssen jedoch, wie Bild 4.27 zeigt, nicht alle Verknüpfungen berücksichtigt werden. Im Bild sind die möglichen Kombinationen, wie Ablaufgraphen und Zustandsgraphen von Funktionseinheiten aufeinander einwirken können, nach der Wirkungsrichtung geordnet.

Im Fall a) und c) wird das Erreichen eines Ruhezustands an einen übergeordneten Ablaufgraphen gemeldet. Dieses Ereignis kann durch steuerungsexterne Fehler gefälscht sein und ist daher für die Diagnose zu berücksichtigen. Dagegen bildet in

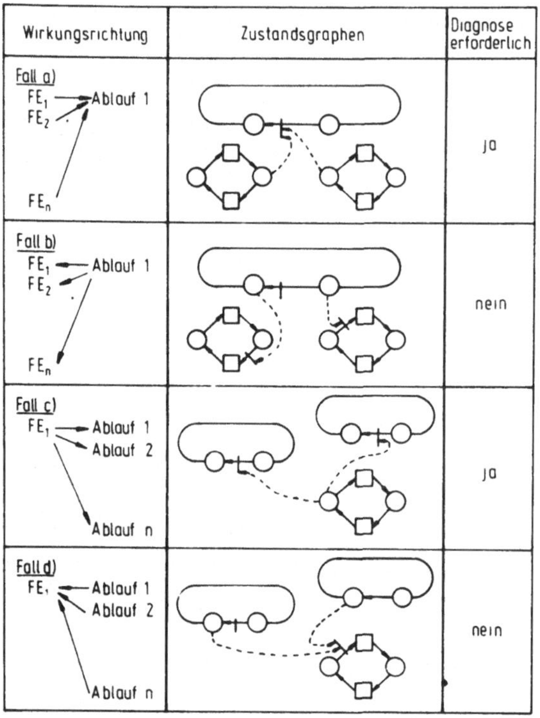

Wirkungsrichtung	Zustandsgraphen	Diagnose erforderlich
Fall a) FE_1, FE_2, FE_n → Ablauf 1		ja
Fall b) FE_1, FE_2, FE_n ← Ablauf 1		nein
Fall c) FE_1 → Ablauf 1, Ablauf 2, Ablauf n		ja
Fall d) FE_1 ← Ablauf 1, Ablauf 2, Ablauf n		nein

Bild 4.27: Fallunterscheidung bei sequentieller Verkettung

den Fällen b) und d) das Weiterschalten eines Ablaufgraphen die Startvoraussetzung für einen unterlagerten Zustandsgraphen. Diese Verknüpfung stellt eine rein steuerungsinterne Datenverarbeitung dar, die als fehlerfrei vorausgesetzt wird. Für die Fehlerlokalisierung müssen also nur die Falle a) und c) betrachtet werden.

Sie sind dadurch gekennzeichnet, daß eine Start- oder Weiterschaltbedingung infolge eines Fehlers in einem anderen Zustandsgraphen gefälscht wird. Als Fälschung ist das Setzen und das Nicht-Setzen einer Zustandsvariablen, die das Erreichen eines Ruhezustands beschreibt, zu betrachten. Durch entsprechende Programmierung der Zustandsgraphen kann man erreichen, daß solche Variablen bei den betrachteten Fehlerfällen nicht gesetzt werden, sondern der Zustandsgraph in einem der zeitlich vorhergehenden Zustände verbleibt (vgl. Abschnitt 4.2.2.3). Unter dieser Voraussetzung reduzieren sich die relevanten Verkettungsfälle auf ein Ausbleiben der Start- oder Weiterschaltbedingung.

Betrachtet man einen nicht verketteten Zustandsgraphen, so führt eine nicht erfüllte Startbedingung zu einem charakteristischen Steuerungszustand, der z.B. in Bild 4.22 mit den Zeilen 3 und 9 gegeben ist. Anstatt als Fehlerursache "Startbedingung fehlt" anzugeben, muß nun bei verketteten Zustandsgraphen die Fehlersuche mit der Funktionseinheit fortgesetzt werden, von deren Zustandsgraph die fehlende Startbedingung herrührt. Dies kann, wie Bild 4.28 zeigt, bei Verwendung von Fehlerauswirkungsmatrizen durch Zeigervariablen erfolgen.

Als Beispiel dient wieder der Ablauf des Werkzeugwechslers gemäß Bild 4.24. In den Zeilen der Fehlerauswirkungsmatrizen, in denen die Fehlerursache eine fehlende Bedingung aus einer anderen Funktionseinheit ist, wird ein Verweis auf die Matrix dieser anderen Funktionseinheit eingetragen. Das Suchprogramm setzt, wenn es bei einer solchen Zeile Koinzidenz feststellt, die Fehlersuche bei der zugewiesenen Matrix fort. Im Fall der direkten Verkettung a) "springt" das Suchprogramm solange von Matrix zu Matrix, bis der Fehler gefunden ist. Die Fehlerauswirkungsmatrix des Ablaufgraphen (Bild 4.28) stellt eine Verweisliste dar, von der ausgehend von dem jeweils aktuellen Schritt Z_i die für das Weiterschalten verantwortlichen Funktionseinheiten direkt angegeben werden. Die indirekte Verkettung b) erweist sich damit auch im Hinblick auf die Fehlerdiagnose als besonders übersichtlich.

Das dargestellte Verfahren kann man folgendermaßen zusammenfassen: Die im Abschnitt 4.2.3 angegebene Lösung für die Diagnose an einzelnen Funktionseinheiten läßt sich für komplexe

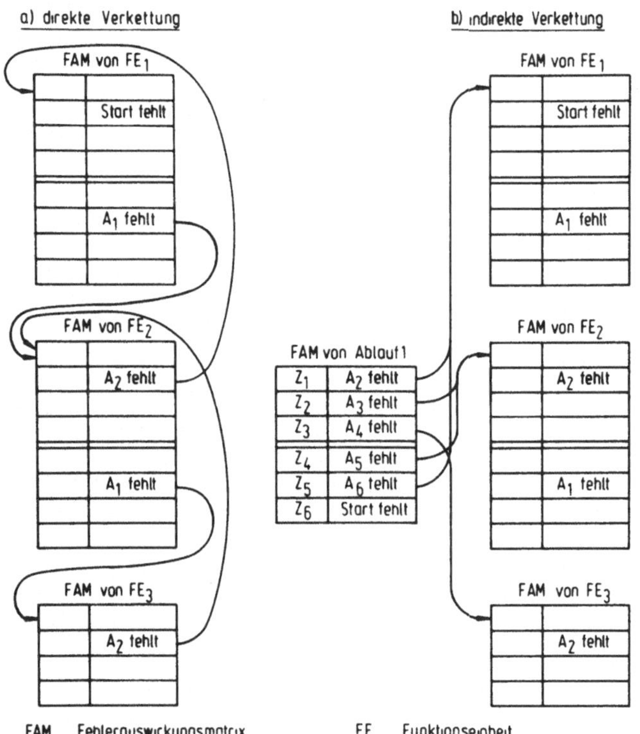

<u>Bild 4.28:</u> Verkettung von Fehlerauswirkungsmatrizen am Beispiel von <u>Bild 4.24</u>

Fertigungseinrichtungen, die aus einer Vielzahl von verketteten FE bestehen, erweitern, indem der Zusammenhang der FE in die Datenbasis für die Fehlerlokalisierung aufgenommen wird. Zur Fehlererkennung sind Bewegungselemente der Anlage zusammenzufassen, die einer Zeitüberwachung unterzogen werden.

4.2.5 Bewertung der verschiedenen Methoden

Die in den Abschnitten 4.2.1...4.2.3 vorgestellten Diagnosemethoden sollen abschließend verglichen und bewertet werden.

Die Methoden Zeitüberwachung und Erkennung widersprüchlicher Wertekombinationen von Gebern ermöglichen ein automatisches Erkennen von Fehlern (Tabelle 4.2). Sie liefern jedoch keine exakte Aussage über die Fehlerursache. Diese muß vielmehr anschließend aus den aktuellen Werten weiterer Variablen abgeleitet werden. Dazu dient die dritte Methode, der Vergleich des Steuerungszustands mit Fehlermustern. Sie kann im Extremfall auf die Abfrage eines einzigen Variablenwertes reduziert sein, z.B. dann, wenn mit Überwachungsmaßnahmen der Fehler bereits weitreichend eingegrenzt ist.

Bei der Frage nach dem Aufwand muß zwischen einmaligem Aufwand für ein mehrfach ausnutzbares Diagnoseprogramm und dem für jede Funktionseinheit speziell erforderlichen Programm-

	Automatische Fehlererkennung	Exakte Fehlerlokalisierung	Aufwand	Unabhängigkeit von Steuerungsprogramm
1 Zeitüberwachung	ja	nein	hoch	nein
2 Erkennung unzulässiger Wertekombinationen	ja	nein	mittel	nein
3 Vergleich des Steuerungszustands mit Fehlermustern	nein	ja	gering	ja

Tabelle 4.2: Bewertung der verschiedenen Diagnosemethoden

teilen differenziert werden. Die Methoden 1 und 2 benötigen im allgemeinen spezielle Programmteile in der Steuerung. Dagegen läßt sich Methode 3, z.B. bei Verwendung von Fehlerauswirkungsmatrizen, als universell einsetzbares Programm realisieren, das zudem in einem für verschiedene Maschinen anwendbaren separaten Rechner ablaufen kann (vgl. Abschnitt 4.3). Die Angaben in Tabelle 4.2 sind daher nur als pauschale Abschätzung zu verstehen.

Die Frage, welche der Methoden aufgrund dieser Bewertung vorzuziehen ist, stellt sich in dieser Form nicht. Die Zeitüberwachung als Algorithmus zur Fehlererkennung ist durch keine andere Methode ersetzbar. Die Erkennung unzulässiger Wertekombinationen von Gebern sollte schon aus Sicherheitsgründen (vgl. Abschnitt 4.2.2.3) verwendet werden. Der Vergleich des Steuerungszustands mit Fehlermustern schließlich liefert exakte Angaben der Fehlerursachen. Die Methoden sollten daher sich ergänzend nebeneinander Einsatz finden.

4.3 Gerätemäßige Zuordnung der Diagnoseaufgaben

4.3.1 Gerätetechnische Anforderungen der Diagnosemethoden

Für die gerätemäßige Realisierung der im vorangegangenen Abschnitt 4.2 dargestellten Diagnosemethoden ist zu fragen, welche Anforderungen an die Geräte aus den Methoden resultieren. Diese Frage ist besonders im Hinblick auf eine mögliche Trennung von Steuergerät und Diagnosegerät von Bedeutung.

Zur Fehlererkennung erforderliche Datenverarbeitungsfunktionen sind:

- Durchführen von mehreren, parallel laufenden Zeitmessungen mit Auflösung im Sekundenbereich, Einleiten von Reaktionen bei Ablauf vorgegebener Zeiten.
- Bitverarbeitung zur Erkennung unzulässiger Wertekombinatio-

nen von Eingangssignalen.
- Verzögerungsfreier Zugriff auf die Eingaben, Ausgaben und Merker der Steuerung.

Die Fehlerlokalisierung erfordert:
- Abspeichern von Bitmustern für die Fehlerauswirkungsmatrizen mit einer Zeilenlänge von (30...60) bit.
- Vergleichen von variablen Bitmustern mit abgespeicherten Werten.
- Zugriff auf die Eingaben, Ausgaben und Merker der Steuerung
- Geringe Anforderungen an die Verarbeitungsgeschwindigkeit.

Zur Fehleranzeige benötigte Funktionen sind:
- Abspeichern umfangreicher Texte für Fehlermeldungen (Anhaltswert: 40 Zeichen pro Fehler, Anzahl der Fehler vgl. Gleichung (6.1)).
- Zugriff auf Textabschnitte über einen Index.
- Ausgabe von Textzeilen an den Bediener.
- Falls längerfristige Fehlerauswertung gewünscht: Protokollierung von Fehlermeldungen auf Papier oder ein maschinell lesbares Medium.

4.3.2 Lösungsalternativen und Bewertung

Für diesen Abschnitt wird vorausgesetzt, daß die Steuerung der zu diagnostizierenden Schaltfunktionen mit einer SPS erfolgt. Laufen bereits die Steuerfunktionen in einem Rechner ab, so ist es selbstverständlich, daß dieser auch zur Diagnose verwendet wird.

Da der überwiegende Anteil von SPS zur Wortverarbeitung und Abspeicherung großer Datenmengen nur wenig geeignet ist, liegt es nahe, solche Steuerungen durch einen kostengünstigen Mikrorechner zu ergänzen. Dann ergibt sich die Frage, welche der drei grundlegenden Diagnoseaufgaben (Fehlererkennung, -lokalisierung, -anzeige) der Rechner übernehmen soll. Die Möglichkeiten für eine sinnvolle Aufgabenteilung zwischen Steuerung und Rechner sind in Tabelle 4.3 aufgeführt.

Zusätzlich sind die wichtigsten Forderungen des letzten Abschnitts und die Forderung nach einfacher hardware- und softwaremäßiger Kopplung zwischen Steuerung und Diagnoseeinrichtung eingetragen. Zwar spricht letzteres gegen die Verwendung eines Rechners, doch die Gesamtwertung zeigt, daß Möglichkeit III die meisten Vorteile bietet. Diese Bewertung kann allerdings in dieser pauschalen Form nicht verallgemeinert werden.

Zuordnungsmöglichkeit / Forderung	I	II	III	IV
Fehler- -anzeige -lokalisierung -erkennung	SPS	Rechner SPS	Rechner SPS	Rechner
direkter Zugriff auf E/A/M zur Fehlererkennung	+	+	+	-
einfache Kopplung von Überwachungsroutinen mit Steuerprogramm	+	+	+	-
leistungsfähiger Befehlsvorrat für -Fehlerlokalisierung -Fehleranzeige	 - -	 - +	 + +	 + +
Ausgabe von Fehlermeldungen im Klartext	-	+	+	+

\+ ... Forderung erfüllt - ... Forderung nicht erfüllt

Tabelle 4.3: Bewertung der Zuordnungsmöglichkeiten zwischen Diagnoseaufgaben und Geräten

Vielmehr muß in jedem Einzelfall die mangelnde Leistungsfähigkeit der SPS und der Zusatzaufwand für den Rechner und die Kopplung zwischen beiden gegeneinander aufgerechnet werden. Die technische Entwicklung bei den programmierbaren Steuerungen geht dahin, daß die Unterschiede zu Mikrorechnern zunehmend unschärfer werden. Außerdem ist zu beachten, daß ein Rechner auch für andere Aufgaben, z.B. "Messen in der Maschine", "Standzeitüberwachung von Werkzeugen" oder auch für mehrere Maschinen einsetzbar ist /29/. Eine weitere allgemeingültige Behandlung dieser Problematik kann daher in diesem Rahmen nicht erfolgen.

5 Generieren von Diagnoseprogrammen

5.1 Problemstellung und Lösungsansatz

Mit den im Kapitel 4 dargestellten Verfahren gibt es zwar eine klare Vorschrift für die Erstellung von Diagnoseprogrammen, das eigentliche Programmieren muß jedoch, wenn man von der Anwendung der Fehlerauswirkungsmatrizen absieht, noch manuell erfolgen. Da die Verfahren eine schematische Vorgehensweise erlauben, ist zu fragen, ob ihre Anwendung nicht dem Rechner übertragen werden kann. Es stellt sich somit das Problem, inwieweit es möglich ist, aus einer geeigneten Beschreibung von Steuerung und Maschine die Diagnoseprogramme rechnerunterstützt abzuleiten, d.h. zu generieren.

Die wichtigste Frage ist dabei, welche Beschreibung des Steuerungsproblems genügend Informationen enthält, um daraus die einzelnen Fehlerfälle und die sie kennzeichnenden Größen automatisch ermitteln zu können. Folgende Darstellungen kommen in Betracht:

1) Konventionelle Beschreibung mittels Stromlaufplänen oder Funktionsplänen.
2) Steuerungsbeschreibung mit Zustandsgraphen.
3) Beschreibung der zu steuernden Anlage mit Istwertgraphen, aus der Zustandsgraphen für die Steuerung und Diagnoseprogramme generiert werden können /43/.

Die Möglichkeit 1) läßt die Anwendung der in Kapitel 4 erarbeiteten Systematik nicht zu. Sie wird deshalb nicht weiter betrachtet. Der Grundgedanke von Möglichkeit 3), vermehrte Informationen über die mechanische Anordnung in Form von sog. Maschinenzustandsgraphen bereitzustellen (die den in /37/ eingeführten Istwertgraphen entsprechen), führt zu einer theoretisch befriedigenden Lösung. Ihre praktische Akzeptanz bei Steuerungsentwicklern muß jedoch bezweifelt werden, da mit zwei verschiedenen Arten von Graphen gearbeitet werden muß.

Im weiteren wird daher die direkte Anwendung von Zustandsgraphen, Möglichkeit 2), auf der Grundlage folgender Oberlegung untersucht: Zur Erstellung von Diagnoseprogrammen benötigt man genaue Informationen über die zu steuernde mechanische Anordnung, um ihr Verhalten bei den verschiedenen Fehlerfällen zu bestimmen, sowie genaue Kenntnis darüber, wie die betrachteten steuerungsexternen Elemente von der Steuerung verknüpft werden. Beide Angaben liegen dem Steuerungsentwickler beim Entwurf des Steuerungsprogramms vor. Es ist daher zweckmäßig, den rechnerunterstützten Entwurf von Diagnoseprogrammen parallel zum Steuerungsentwurf durchzuführen. Erfolgt auch dieser rechnerunterstützt auf der Basis von Zustandsgraphen, lassen sich viele Informationen für beide Aufgaben verwenden. Die zusätzlich für das Generieren der Diagnoseprogramme erforderlichen Daten sollen vom Entwickler auf Anforderung hin eingegeben werden.

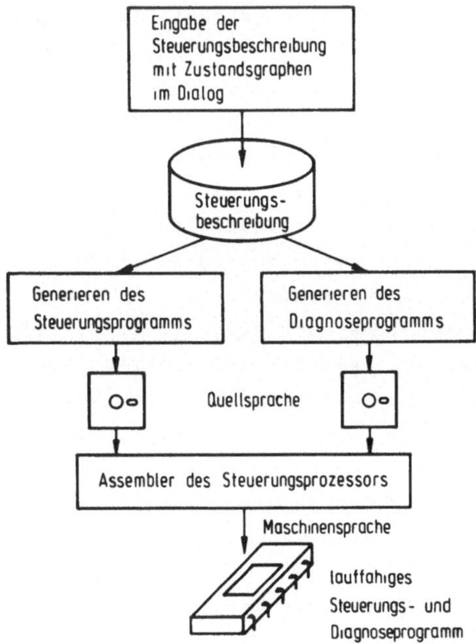

Bild 5.1: Grobkonzept eines Programms zur Generierung von Diagnoseprogrammen

Das Grobkonzept eines auf diese Weise arbeitenden Programms zeigt Bild 5.1. Zur Vereinfachung soll nur Assembler-Quellsprache erzeugt werden, die anschließend noch übersetzt werden muß. Das Generierprogramm selbst soll auf einem Mikrorechner mit Externspeicher, z.B. auf einem Mikroprozessor-Entwicklungssystem, laufen.

5.2 Algorithmen zur Generierung von Diagnoseprogrammen

Eine rechnerunterstützte Erzeugung von Diagnoseprogrammen setzt eine rechnerinterne Steuerungsbeschreibung voraus, die von einem Eingabemodul, z.B. im Dialog mit dem Entwickler, gebildet wird. Die auf Zustandsgraphen zugeschnittene rechnerinterne Darstellung in /40/ läßt sich für diese Aufgabe verwenden. Es ist nun zu fragen, ob und in welcher Form die Methoden des Kapitels 4 geeignet sind, daraus Diagnoseprogramme abzuleiten.

Daß dies ohne Zusatzinformationen zu den vom Entwickler definierten Zustandsgraphen, Übergangsbedingungen und Ausgabegleichungen (vgl. Abschnitt 4.1.3) nicht möglich ist, wird sofort am Beispiel der Methode "Zeitüberwachung" deutlich. Die Ausführungszeiten von Aktionen müssen vom Entwickler vorgegeben werden. Dabei ist zu unterscheiden,

- welche Zeitabschnitte nach Bild 4.6 spezifiziert werden und
- wieviele Bewegungselemente bzw. Funktionseinheiten zu einer Zeitüberwachung zusammengefaßt werden (vgl. Abschnitt 4.2.4.3).

Einen Kompromiß zwischen zu großem Aufwand und zu geringer Genauigkeit der ermittelbaren Fehlerursache stellt folgende Festlegung dar:

- Ausschließliche Verwendung der Grenze T_4.
- Überwachung jedes Bewegungselements.

Unter dieser Voraussetzung läßt sich folgender Generieralgorithmus für die Zeitüberwachung angeben:

1. Aus jeder Übergangsbedingung in einen aktiven Zustand wird das Laden eines Zeitzählers mit dem vorgegebenen Wert abgeleitet, der, solange der aktive Zustand andauert, heruntergezählt wird.
2. Erreicht der Zeitzähler den Wert Null, ist die verursachende Fehlerfamilie (vgl. Tabelle 4.1) zu ermitteln, indem das Verlassen des zurückliegenden Gebers überprüft wird, nach Bild 5.2.
3. Als Fehlerursache werden die zu der Fehlerfamilie gehörenden Variablen mit Fehlerart angezeigt.

Eine weitere Voraussetzung für diesen Algorithmus ist, daß die Startbedingungen keine Geber als Verriegelungsbedingungen enthalten. Die Methode der "Erkennung unzulässiger Wertekombinationen von Gebern" muß dazu nach folgendem Algorithmus verwirklicht werden:

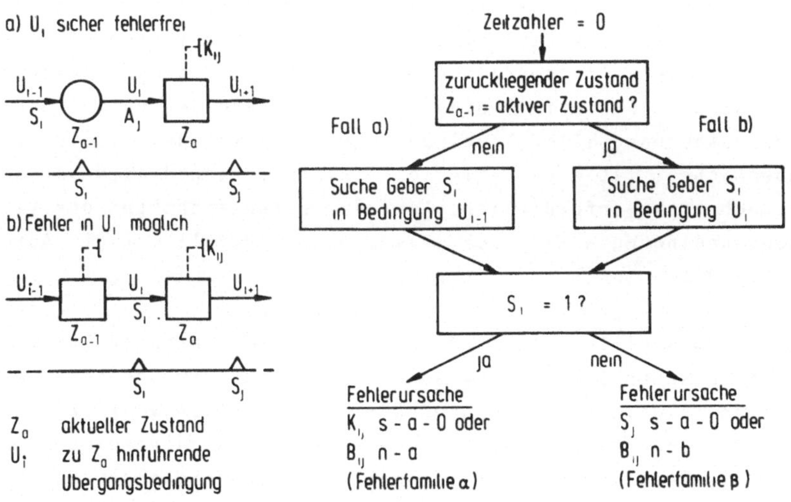

Bild 5.2: Fallunterscheidung bei Zeitüberwachung

1. Jedem Ruhezustand ist vom Entwickler eine logische Gleichung zuzuordnen, die angibt, welche Wertekombinationen in diesem Zustand unzulässig sind.
2. Diese Gleichung muß in der Steuerung vor der Bearbeitung der übrigen von diesem Zustand wegführenden Übergangsbedingungen ausgewertet werden.
3. Im Fehlerfall (log. Gleichung = 1) wird die Bearbeitung der übrigen wegführenden Bedingungen verhindert.
4. Als Fehlerursachen werden die Variablen der logischen Gleichung angezeigt.

Es ist erkennbar, daß dieser Algorithmus nur einen Teil der Entwurfsarbeit übernimmt. Die unzulässigen Wertekombinationen müssen vom Entwickler eingegeben werden, da sie nur aus der mechanischen Anordnung der Geber ermittelbar sind, die jedoch im Rechner nicht vorliegt. Für eine genauere Fehlerlokalisierung ist eine aufwendige Betrachtung des zeitlichen Ablaufs nach Abschnitt 4.2.2.2 erforderlich.

Die dritte Methode des Kapitels 4, der Vergleich des Steuerungszustands mit Fehlermustern, wäre ebenfalls nur mit umfangreichen Hilfsprogrammen für die Ermittlung des Steuerungszustands im Fehlerfall einsetzbar. Aufgrund der getroffenen Voraussetzung, alle einzelnen Bewegungszustände zeitlich zu überwachen, ist eine Fehlerlokalisierung nach diesem Verfahren jedoch nicht erforderlich. Auch das Berücksichtigen der Verkettungsbedingungen kann aus diesem Grund entfallen (vgl. Abschnitt 4.2.4.3).

Die dargestellten Algorithmen zeigen, daß ein enger Zusammenhang zwischen Steuerungs- und Diagnoseprogramm besteht. Um diesen in dem Steuerungsprogramm übersichtlich verwirklichen und die Generierung des Steuerungsprogramms zu vereinfachen, ist die Verwendung eines sogenannten Grapheninterpreters /44/ zweckmäßig. Er besteht aus einem kurzen, zyklisch durchlaufenen Programm (Bild 5.3), das nacheinander die Zustandsgraphen aller Funktionseinheiten bearbeitet, indem es die in

Listen abgespeicherte Steuerungsbeschreibung "interpretiert". Die genannten Algorithmen lassen sich, wie in Bild 5.3 dargestellt, durch einen Zusatz im Interpreter und Erweiterungen der Listen realisieren. Vorteilhaft an dieser Lösung ist, daß der Diagnosezusatz im Interpreter nur einmalig erstellt werden muß und vom Generierprogramm nur die entsprechenden Listen bereitzustellen sind.

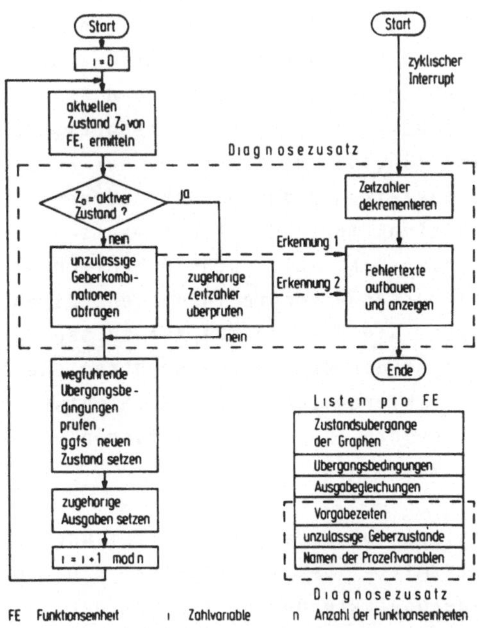

Bild 5.3: Erweiterung eines Grapheninterpreters zur Verarbeitung generierter Diagnosedaten

Die Ausführungen dieses Kapitels stellen nur erste Gedanken zu dieser weitreichenden Problematik dar. Zu lösende Aufgaben bzw. Fragen bleiben

- die Definition einer Eingabesprache für den Entwickler,
- die Einschränkungen, die beim Steuerungsentwurf zu beachten sind,
- die Abgrenzung nicht lösbarer Sonderfälle und
- der Test der generierten Programme.

6 Realisierte Diagnosesysteme

6.1 Diagnose an verketteten Bearbeitungszentren

6.1.1 Aufgabenstellung

Im Rahmen des Sonderforschungsbereichs 155 "Fertigungstechnik" der Deutschen Forschungsgemeinschaft wurde an der Universität Stuttgart ein flexibles Fertigungssystem als Pilotanlage aufgebaut. Es besteht aus vier Bearbeitungszentren, kurz "Maschinen" genannt, für Bohr- und Fräsbearbeitung, die über ein Werkstück- und Werkzeugtransportsystem miteinander verkettet sind /36,45/. Beim Betrieb der Anlage ergaben sich hohe Stillstandszeiten dadurch, daß Störungen bei der Abarbeitung der Schaltfunktionen nicht automatisch erkannt wurden und die Zeitdauer der Fehlersuche erheblich war. Das Ermitteln der Fehlerursache konnte in diesen Fällen nur von einer Person erfolgen, die über genaue Kenntnisse der programmierbaren Steuerungen der Bearbeitungszentren und ihrer Software verfügte. Die Fehlerursache lag jedoch meistens nicht in den Steuerungen, sondern in den hydraulischen und mechanischen Elementen der Maschinen.

Daraus resultiert folgende Aufgabenstellung: Für die Pilotanlage sind Hilfsmittel bereitzustellen, die ein automatisches Erkennen steuerungsexterner Fehler bei der Abarbeitung von Schaltfunktionen ermöglichen und die Fehlerursache so detailliert anzeigen, daß ein mit den programmierbaren Steuerungen nur in geringem Maße vertrauter Wartungsmann den Fehler beheben kann.

Die für die Diagnose zu betrachtenden Funktionsgruppen an den Maschinen zeigt Tabelle 6.1. Ihr mechanischer Aufbau und ihre Steuerung sind in /36/ ausführlich dargestellt, so daß auf eine Erläuterung hier verzichtet wird. Die 20 Funktionseinheiten einer Maschine verteilen sich auf 8 Funktionsgruppen. Von diesen Funktionseinheiten ist die Anzahl der binären Einzelsigna-

Funktionsgruppe	n_{FE}	n_E	n_A	n_F
a) Werkzeugmagazin	2	5	5	15
b) Werkzeugwechsler	5	10	10	30
c) Getriebe	2	4	4	12
d) Spindelrichtbolzen	1	3	1	7
e) Hauptantrieb	1	0	0	0
f) Vorschubachsen	3	6	0	12
g) Palettenspanneinrichtungen	2	4	4	12
h) Palettendreheinrichtungen	4	8	8	24
Summe	20	40	32	112

n_{FE} ... Anzahl der Funktionseinheiten
n_E ... Anzahl der Prozeßeingaben
n_A ... Anzahl der Prozeßausgaben
n_F ... Anzahl der betrachteten Fehler

Tabelle 6.1: Auflistung der Funktionsgruppen eines Bearbeitungszentrums mit den für die Fehlerdiagnose wichtigen Kennwerten

le, die an der Schnittstelle zwischen programmierbarer Steuerung und Maschine vorliegen, in der Tabelle eingetragen. Dabei werden als Prozeßeingaben/-ausgaben gemäß Abschnitt 3.1.2 nur direkt in den Maschinenbereich führende Signale betrachtet, d.h. die Ein-/Ausgaben für das Bedienpult, den Anschluß zum übergeordneten Rechner sowie für die Durchschaltung analoger Sollwerte für Antriebsverstärker bleiben unberücksichtigt. Aus den angegebenen Werten der so abgegrenzten Anzahl n_E bzw. n_A der Prozeßeingaben bzw. -ausgaben läßt sich die Zahl n_F der zu betrachtenden Fehler an den jeweiligen Funktionsgruppen nach der Gleichung

$$n_F = 2n_E + n_A \qquad (6.1)$$

berechnen. Sie ergibt sich aus Bild 4.19, da dort pro Eingabe (Geber S) zwei Fehler und pro Ausgabe (Stellglied K) ein Fehler aufgeführt sind.

In dem flexiblen Fertigungssystem sind bei der Fehlerdiagnose an diesen Funktionsgruppen folgende Teilaufgaben zu erfüllen:

- Die Fehler sollen automatisch erkannt und dem Bedienungspersonal am zentralen Leitstand gemeldet werden.
- Die Ermittlung der genauen Fehlerursache kann dezentral an den Maschinen erfolgen. Um ein effektives Arbeiten des Wartungspersonals (ohne lange Wege zum Leitstand) zu gewährleisten, soll die Diagnoseeinrichtung in unmittelbarer Maschinennähe benutzbar sein.

Bei der Konzeption des Diagnosesystems sind folgende Randbedingungen aufgrund der gegebenen Anlage zu beachten:

- Die Steuerung der Schaltfunktionen geschieht mit einer programmierbaren Steuerung pro Maschine. Der Befehlsvorrat dieser Geräte ist auf Einzelbitverarbeitung ausgerichtet und nicht zur Textverarbeitung geeignet.
- Die programmierbaren Steuerungen werden nicht - wie bei Bearbeitungszentren üblich - von einer numerischen Steuerung mit Steuerdaten versorgt. Vielmehr sind die Aufgaben der numerischen Steuerungen für die vier Bearbeitungszentren funktionsorientiert auf drei Prozeßrechner eines hierarchischen Steuerungssystems verteilt /36/.
- Die Integration des Diagnosesystems in das bestehende Steuerungssystem soll nur begrenzte Eingriffe in die Steuerungssoftware erfordern.

6.1.2 Gerätetechnischer Aufbau des Diagnosesystems

Zunächst ist zu klären, welche Diagnoseaufgaben welchen Geräten zuzuordnen sind. Neben den in Abschnitt 4.4 erörterten allgemein gültigen Gesichtspunkten müssen dabei obige Randbedingungen berücksichtigt werden.

Zum Verständnis der in Tabelle 6.2 dargestellten gerätetechnischen Lösungsalternativen für das Diagnosesystem soll anhand von Bild 6.1 der Aufbau des gegebenen Steuerungssystems der Pilotanlage auszugsweise erläutert werden. Über einen am Datenverteilrechner angeschlossenen Bildschirm erfolgt am Leitstand die Bedienung des Gesamtsystems. Außerdem werden die NC-Programme für die laufende Bearbeitung satzweise nach Geometrie- und Technologieinformation aufgeteilt und an die unterlagerten Geometrie- und Technologierechner ausgegeben /45/. Letzterer erzeugt aus den die Schaltfunktionen betreffenden Technologieinformationen Steuerkommandos für die maschinenspezifischen programmierbaren Steuerungen. Nach der Ausführung einer Schaltfunktion an der Maschine gibt die jeweilige programmierbare Steuerung eine Rückmeldung an den Technologierechner, dieser quittiert an den Datenverteilrechner, was die Verarbeitung des nächsten NC-Satzes auslöst.

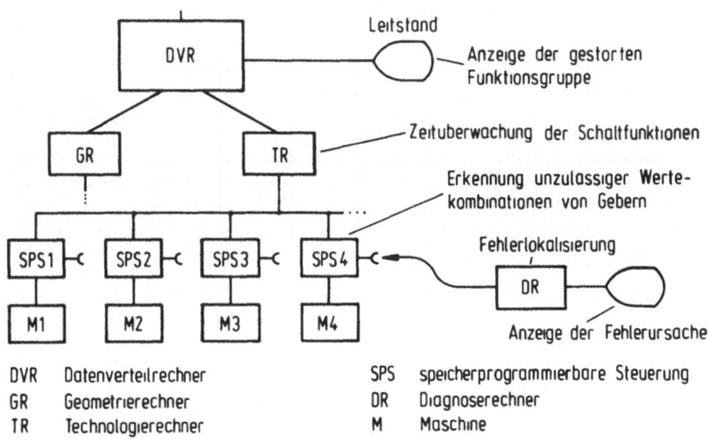

Bild 6.1: Diagnoseaufgaben innerhalb des auszugsweise dargestellten Steuerungssystems des flexiblen Fertigungssystems

Diagnoseaufgaben \ Alternative	1	2	3	4	5	6	7
Fehlererkennung durch Zeitüberwachung der Schaltfunktionen	DVR	TR	SPS	DR	SPS	TR	TR
Anzeige der gestörten Funktionsgruppe (für Bedienungspersonal)	DVR	TR	SPS	DR	DVR	DVR	DVR
exakte Fehlerlokalisierung durch Vergleich des Steuerungszustands mit Fehlermustern	DVR	TR	SPS	DR	SPS	TR	DR
Anzeige der Fehlerursache (für Wartungspersonal)	DVR	TR	SPS	DR	TR	TR	DR

Bewertungskriterien \ Alternative	1	2	3	4	5	6	7
geringe Eingriffe in bestehende Steuerungssoftware	-	+	+	-	+	+	+
Speicherplatz in vorgesehener Komponente verfügbar	+	-	-	+	-	-	+
Erfüllung der Anzeigeanforderungen	-	-	-	-	+	+	+
Aufwand für mehrere Maschinen nutzbar	+	+	-	+	-	+	+

DVR ... Datenverteilrechner
TR ... Technologierechner
SPS ... speicherprogrammierbare Steuerung
DR ... Diagnoserechner
\+ ... Kriterium erfüllt
\- ... Kriterium nicht erfüllt

<u>Tabelle 6.2:</u> Auflistung und Bewertung der Lösungsalternativen für die Zuordnung der Diagnoseaufgaben zu Geratekomponenten des Steuerungssystems

Im oberen Teil von Tabelle 6.2 sind links die Diagnoseaufgaben zusammengestellt, mit denen die Problemstellung gelöst werden kann. Sie lassen sich mit Hilfe der in Kapitel 4.2.1 und 4.2.3 dargestellten Methoden verwirklichen. Die Erkennung unzulässiger Wertekombinationen von Gebern ist hier nicht aufgeführt, da diese Aufgabe sinnvoller Weise nur innerhalb der programmierbaren Steuerungen zu realisieren ist. Dagegen sind für die anderen Aufgaben sieben Lösungsalternativen zu betrachten. Die ersten vier gehen davon aus, daß sämtliche Diagnoseaufgaben in einem einzigen Gerät ausgeführt werden. Neben den Steuerungen und Rechnern des Steuerungssystems (vgl. Bild 6.1) kommt die Verwendung eines zusätzlichen Rechners für Diagnosezwecke, der sog. Diagnoserechner in Betracht. Wie der untere Teil von Tabelle 6.2 zeigt, sind die gestellten Anforderungen mit diesen ersten vier Konfigurationen nicht erfüllbar.

Bei der Zuordnung von Aufgaben zu Geräten muß vielmehr das Ziel verfolgt werden, die Realisierung dort vorzunehmen, wo die zur Diagnose benötigten Daten bzw. Programmbausteine bereits für Steuerungszwecke vorhanden sind. Nach diesem Gesichtspunkt sind die Alternativen 5 und 6 konzipiert. Aus der Bewertungstabelle ist ablesbar, daß auch diese Lösungen nicht alle Forderungen befriedigen. Dies ist nur möglich, wenn für die speicherplatzintensiven Aufgaben "Fehlerlokalisierung" und "Anzeige der Fehlerursache" ein separater Diagnoserechner verwendet wird (Alternative 7). In Bild 6.1 ist rechts die Aufgabenverteilung dieser gewählten Lösung eingetragen.

Als Diagnoserechner findet ein Mikrorechner Verwendung (Bild 6.2), der aufgrund folgender Kriterien ausgewählt wurde:

- Eingebauter Bildschirm und Tastatur für Dialog mit Wartungspersonal.
- Universeller Anschluß an verschiedene Steuerungen über serielle V.24-Schnittstelle.
- Bereitstellung des für den jeweiligen Einsatz spezifischen Datensatzes über einwechselbare Externspeicher (z.B. Flop-

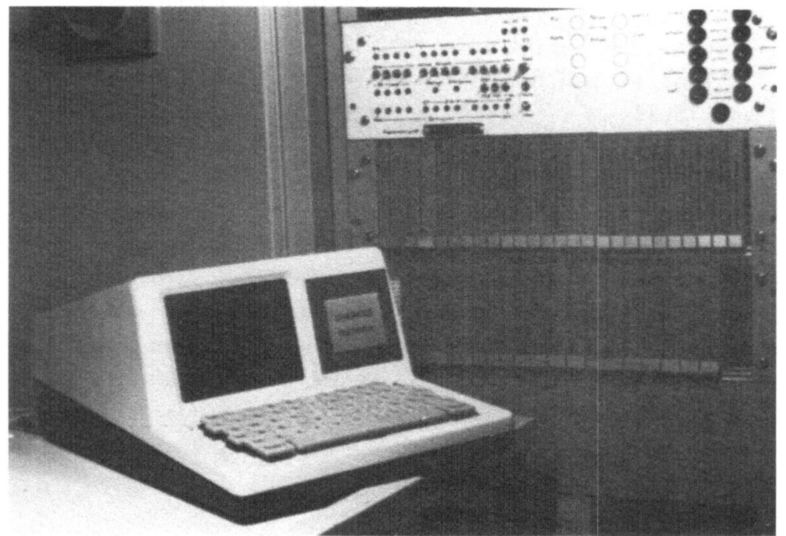

Bild 6.2: Mit programmierbarer Steuerung gekoppelter Diagnoserechner

py-Disk oder Magnetband-Kassette).
- Leichte Transportierbarkeit für den Einsatz in Maschinennähe.

Die darin ablaufenden Programme werden im nächsten Abschnitt dargestellt.

6.1.3 Programmaufbau und Wirkungsweise des Diagnosesystems

Im Steuerungssystem integrierter Anteil

Die Fehlererkennung, die durch Zeitüberwachung der Schaltfunktionen im Technologierechner realisiert ist, arbeitet folgendermaßen: Bei der Ausgabe eines Steuerkommandos an eine programmierbare Steuerung wird ein Zeitzähler gestartet. Während des zyklischen Durchlaufs des Steuerungsprogramms wird laufend abgefragt, ob dieser Zähler den durch die maximale Ausführungsdauer aller Schaltfunktionen der Maschinen gegebenen Grenzwert überschritten hat. Im Normalfall wird der Zähler beim Eintreffen einer Quittierung von der programmierbaren Steuerung zurückgesetzt. Das Ausbleiben einer Quittierung führt zu einer Zeitüberschreitung. In diesem Fehlerfall wird durch Decodieren der Merker des Steuerungsprogramms die verursachende Funktionsgruppe ermittelt und zusammen mit der Maschinennummer (1...4) an den übergeordneten Datenverteilrechner ausgegeben. Aufgrund der funktionsorientierten Struktur des Steuerungssystems ist dieser Programmteil zentral für alle vier Maschinen verwendbar /36/.

Im Datenverteilrechner wird der codiert eintreffenden Fehlermeldung der entsprechende Fehlertext (vgl. Abschnitt 6.1.4) zugeordnet und dieser zusammen mit Uhrzeit und Datum auf dem Bildschirm des Leitstands ausgegeben. Außerdem erfolgt zur Langzeiterfassung von Fehlern ein Abspeichern der codierten Meldungen in einer Datei.

Anteil im Diagnoserechner

Im Diagnoserechner wird ausgehend von der Information, in welcher Funktionsgruppe der Fehler zu suchen ist, die genaue Fehlerursache (mit der durch die Fehlerfamilien gegebenen Mehrdeutigkeit) ermittelt. Das Diagnoseprogramm dafür ist nach der Methode "Vergleich des Steuerungszustands mit Fehlermustern" aufgebaut (vgl. Abschnitt 4.2.3). Sein Aufbau und die Wirkungsweise soll anhand von Bild 6.3 und Bild 6.4 erläutert werden.

Für die einzelnen Funktionseinheiten der Maschinen wurden die Steuerungszustände für die nach Kapitel 3 betrachteten Fehler theoretisch ermittelt, durch Simulieren der Fehler an der Maschine überprüft und daraus die Fehlerauswirkungsmatrizen der Funktionsgruppen gemäß Abschnitt 4.2.3.3 aufgestellt. Da viele Funktionseinheiten eine aus einfachen Zustandsgraphen nach Bild 4.2 bestehende Struktur aufweisen, konnten viele Fehlerfälle durch einfaches Ersetzen der Variablen in der Fehlerauswirkungsmatrix bestimmt werden. Die Verkettung der Funktionsgruppen untereinander wurde entsprechend Abschnitt 4.2.4 berücksichtigt und ist in Bild 6.3 dargestellt. Es zeigt sich, daß die nicht offensichtlich zusammenhängenden Funktionsgruppen "Getriebe" und "Werkzeugwechsel" über den Spindelrichtbolzen in gegenseitiger Abhängigkeit stehen. Damit können Fehler in der einen Funktionsgruppe sich auf die andere auswirken.

Nach der Auswahl einer Funktionsgruppe durch den Bediener übernimmt das Programm von der angeschlossenen programmierbaren Steuerung die für die jeweiligen Fehlerauswirkungsma-

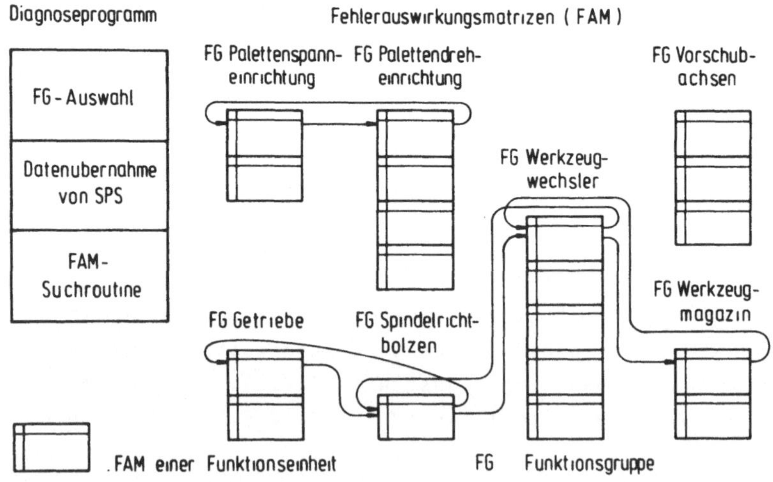

Bild 6.3: Programmaufbau und Datenstruktur des Diagnoseprogramms

trizen benötigten Werte der Eingaben, Ausgaben und Merker. Anschließend durchsucht es die Matrizen auf Koinzidenz mit den übernommenen Werten. Falls dies nicht der Fall ist, muß entweder in einer anderen Funktionsgruppe weitergesucht werden oder der Fehler stellt einen beim Aufstellen der Matrizen nicht berücksichtigten Sonderfall dar (Bild 6.4). Im Normalfall wird der Fehlertext ausgegeben, der zu der gefundenen Matrixzeile gehört.

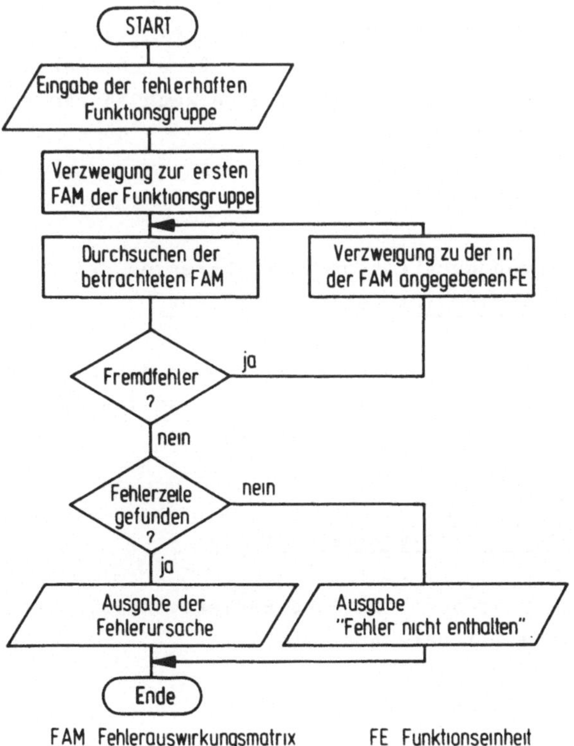

Bild 6.4: Programmablaufplan für die Fehlerlokalisierung an verketteten Funktionseinheiten

Der Aufbau des Diagnosesystems ist auf das Steuerungssystem der Pilotanlage (vgl. Bild 6.1) abgestimmt. Dieses wurde nach Abschluß der hier dargestellten Arbeiten ersetzt durch ein System auf der Basis numerischer Steuerungen, die sternförmig mit einem übergeordneten Fertigungsrechner verbunden sind /47/. Der bisher in den Prozeßrechnern des Steuerungssystems realisierte Teil des Diagnosesystems ist damit neu zu erstellen. Z.B. muß die seither zentral durchgeführte Zeitüberwachung der Schaltfunktionen dezentral in den maschinenspezifischen Steuerungen erfolgen. Der Anteil im Diagnoserechner ist jedoch weiterhin verwendbar, da die speicherprogrammierbaren Steuerungen nicht verändert wurden. Es zeigt sich, daß die Aufteilung des Diagnosesystems in die Bereiche Fehlererkennung, Fehlerlokalisiersung und Fehleranzeige auch in dem neuen Steuerungssystem zweckmäßig ist.

6.1.4 Erläuterung der Leistungen und Grenzen des Diagnosesystems anhand von Fehlerbeispielen

Aus den praktischen Erfahrungen im Rahmen dieser Arbeit beim Betrieb des flexiblen Fertigungssystems sollen zwei ausgewählte Beispiele die Leistungen und Grenzen des Diagnosesystems aufzeigen.

Beispiel eines lokalisierbaren Fehlers

- Fehlerauswirkung aus Sicht des Bedienpersonals: Bearbeitung an Maschine 3 ist unterbrochen.

- Fehlerursache: Geber 6B62 "Entspannzylinder gelöst" s-a-0, weil Geber verschoben.

- Fehlerauswirkung aus Sicht der programmierbaren Steuerung: Ablauf "Werkzeugwechsel" wird nicht beendet, da Übergangsbedingung vom Zustand "lösen" in Zustand "gelöst" der Funktionseinheit "Werkzeugsicherung Magazin" nicht erfüllt wird.

- Fehlererkennung: Zeitüberschreitung des Auftrags "Werkzeugwechsel" wird im Technologierechner erkannt und entsprechende Fehlermeldung an Datenverteilrechner gegeben. Dieser gibt Meldung nach Bild 6.5a) an Bedienpersonal aus.

- Fehlerlokalisierung: Zur Fehlersuche wird am Diagnoserechner die Funktionsgruppe "Werkzeugwechsel" ausgewählt. Der Rechner übernimmt die aktuellen Werte der Eingaben/Ausgaben/Merker dieser Funktionsgruppe, durchsucht die Fehlerauswirkungsmatrizen und gibt als Fehlerursache den Text nach Bild 6.5b) aus.

a)

```
ST  MNR 04  WZN 0250 NICHT VORHANDEN    DATUM 12. 01. 1982   ZEIT 08. 30. 53
ST  MNR 03  ZEITUEBERSCHREITUNG PC      DATUM 12. 01. 1982   ZEIT 09. 03. 36
    WERKZEUGWECHSEL NICHT AUSGEFUEHRT
ST  MNR 01  GRENZTASTER ANGEFAHREN      DATUM 12. 01. 1982   ZEIT 10. 37. 37
```

b)

```
===================================
   F E H L E R U R S A C H E
GEBER 6B62 ENTSPANNZYL. GELOEST
    SOLL: 1 , IST: 0
===================================
```

Bild 6.5: Fehlertexte für das Beispiel eines lokalisierbaren Fehlers

Beispiel eines nicht lokalisierbaren Fehlers

- Fehlerauswirkung aus Sicht des Bedienpersonals: Bearbeitung an Maschine 3 ist unterbrochen.

- Fehlerursache: Getriebe für Hauptspindel läßt sich nicht mehr schalten, seine Zahnräder befinden sich in einer unzulässigen Stellung. Diese entstand durch einen analogen Drehzahlsollwert mit falschem Vorzeichen, der wiederum seine Ursache in einer gelockerten Quetschverbindung eines Massekabels (hoher Übergangswiderstand) hat.

- Fehlererkennung: Zeitüberschreitung des Auftrags "Getriebe schalten", Verarbeitung wie oben.

- Fehlerlokalisierung: Die rechnerunterstützte Fehlerlokalisierung versagt hier. Der steuerungsexterne Fehler im Getriebe ist die Folge eines steuerungsinternen Fehlers, der sich einer Klassifizierung nach Kapitel 3 entzieht.

Mit diesem Beispiel soll gezeigt werden, daß es in der Praxis außerordentlich verwickelte Fehler gibt, deren theoretische Ableitung mit vertretbarem Aufwand nicht möglich ist. Die zur Abgrenzung der betrachteten Fehler eingeführten Voraussetzungen der internen Fehlerfreiheit und der rein binären Signalverarbeitung sind in diesem Beispiel nicht erfüllt. Außerdem ist zu erkennen, daß die Abgrenzung steuerungsinterner und steuerungsexterner Fehler nicht immer unproblematisch ist.

6.1.5 Verwendung des Diagnoserechners zur Unterstützung der manuellen Fehlersuche

Bisher wurde der Einsatz des Diagnoserechners zur selbstandigen Ermittlung der Fehlerursache dargestellt. Ein Rechner, der wie in Abschnitt 6.1.2 beschrieben mit einer programmierbaren Steuerung gekoppelt ist, läßt sich jedoch auch sinnvoll zur manuellen Fehlersuche einsetzen, die, wie der letzte Abschnitt zeigt, in manchen Fällen trotzdem erforderlich ist. Die dazu notwendige Anzeige der Eingaben/Ausgaben/Merker (E/A/M) der Steuerung ist bei Verwendung der nachfolgend erläuterten Programme wesentlich aussagekräftiger möglich, als dies bei Einsatz eines handelsüblichen SPS-Programmiergerätes der Fall ist.

E/A/M-Anzeige mit Kommentar

Beim manuellen Analysieren der aktuellen Werte der E/A/M ist es hilfreich, neben dem symbolischen Namen der Variablen und ihrem momentanen Wert auch die Bezeichnung der Variablen im Klartext auf dem Bildschirm zu sehen. Damit entfällt das sonst übliche parallele Nachschlagen in Listen. Bild 6.6 zeigt eine Bildschirmseite eines nach dieser Vorgabe realisierten Anzeigeprogramms. Es bringt einen anwählbaren Ausschnitt der abgespeicherten Variablenliste des SPS-Programms auf den Bildschirm, transferiert zyklisch die aktuellen Werte der angezeigten Variablen von der SPS in den Rechner und blendet diese Werte laufend in das stehende Bild ein (invers dargestellte Zahlen in Bild 6.6).

7K174	48	1	♦SPINDELSTILLSTANDSSIGNAL
8B1	49	[illegible]	♦PARITAET
8B2	50	0	♦GENAUPUNKT
8B3	51	1	♦LESETAKT
8B4	52	1	♦MAGAZIN FIXIERT
8B5	53	[illegible]	♦MAGAZIN NICHT FIXIERT
8B6	54	1	♦WERKZEUG IM MAGAZIN ENTSICHERT
8B7	55	[illegible]	♦WERKZEUG IM MAGAZIN GESICHERT
8B8	56	1	♦WECHSLER GESICHERT
8B9	57	[illegible]	♦WECHSLER ENTSICHERT
8B10	58	1	♦WECHSLER EINGEZOGEN
8B11	59	[illegible]	♦WECHSLER AUSGEFAHREN
8B12	60	0	♦WECHSLER 0 GRAD
8B13	61	1	♦WECHSLER 180 GRAD

Bild 6.6: Anzeige des Zustands der Eingaben/Ausgaben/Merker am Diagnoserechner

Grafische Anzeige der Zustandsgraphen

Bei einer nach der Zustandsgraphen-Methode programmierten Steuerung benutzt man zur manuellen Fehlersuche im allgemeinen die Programmdokumentation, bestehend aus Zeichnungen der Zustandsgraphen und einer Auflistung der Obergangsbedingungen. Bild 6.7 zeigt einen Versuch, dieses Vorgehen durch Verwendung eines grafischen Bildschirms anwenderfreundlicher zu gestalten. Der Zustandsgraph einer anwählbaren Funktionseinheit wird auf dem Bildschirm abgebildet, der jeweils aktuelle Zustand durch Abfrage von Merkern der SPS ermittelt und durch weiße Darstellung markiert. Man erhält so rasch einen Oberblick über das aktuelle Steuerungsabbild dieser Funktionseinheit. Zur gleichzeitigen Anzeige der Obergangsbedingungen wäre allerdings ein größerer Bildschirm erforderlich.

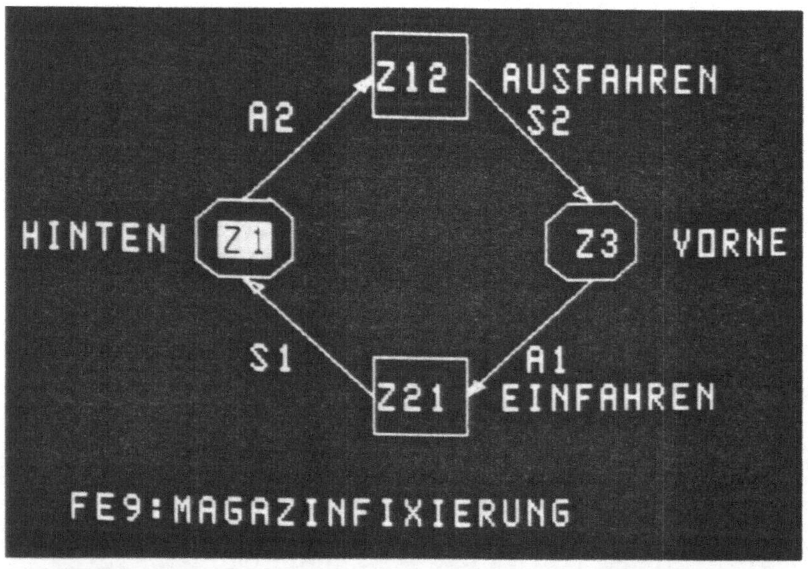

Bild 6.7: Anzeige von Zustandsgraphen am Diagnoserechner

6.2 Untersuchungen an Maschinen in Produktionsbetrieben

Um den Praxisbezug der in Kapitel 4 dargestellten Diagnoseverfahren nachzuweisen, wurden für zwei Maschinen, deren programmierbare Steuerungen nicht nach der Zustandsgraphen-Methode programmiert sind, entsprechende Diagnoseprogramme entwikkelt.

6.2.1 Fehlerdiagnose an einer Rundtischmaschine

Das Arbeitsprinzip einer Rundtischmaschine ist das gleiche wie bei einer Transferstraße: Mehrere Stationen bearbeiten starr gekoppelt aufeinanderfolgende Arbeitsschritte an gleichen Werkstücken der Großserienfertigung. Der Werkstücktransport erfolgt jedoch nicht durch lineares Verschieben, sondern z.B. durch Drehen eines Rundtisches, auf dem die Werkstücke gespannt sind. Untersucht wurde eine Maschine mit drei Stationen für die Arbeitsschritte "fräsen", "bohren" und "senken und gewindeschneiden" an Motorblöcken, die mit einer programmierbaren Steuerung ausgerüstet ist, deren Programm nach der Stromlaufplan-Methode erstellt wurde und auch Diagnoseroutinen enthält.

Zunächst wurden die vorhandenen Diagnoseeinrichtungen analysiert (Bild 6.8). Für die Diagnose zu betrachten sind nur die prozeßgekoppelten Ein-/Ausgaben, ihr Anteil beträgt 61%. Ein großer Anteil der Diagnoseprogramme dient zur Ansteuerung einer 6-stelligen alphanumerischen Anzeige, an der codierte Fehlermeldungen ausgegeben werden. Der Anteil der Diagnoseprogramme am Gesamtprogramm ist beträchtlich. Am Beispiel von Station 1, an der nach Gleichung (6.1) 22 Fehler zu betrachten sind, sind in Bild 6.8 die verwendeten Diagnosemethoden eingetragen. Mit "Fehlende Startvoraussetzung" ist die direkte Angabe fehlender Gebersignale, z.B. "Schutztür nicht geschlossen" oder "Hydraulikdruck fehlt", gemeint.

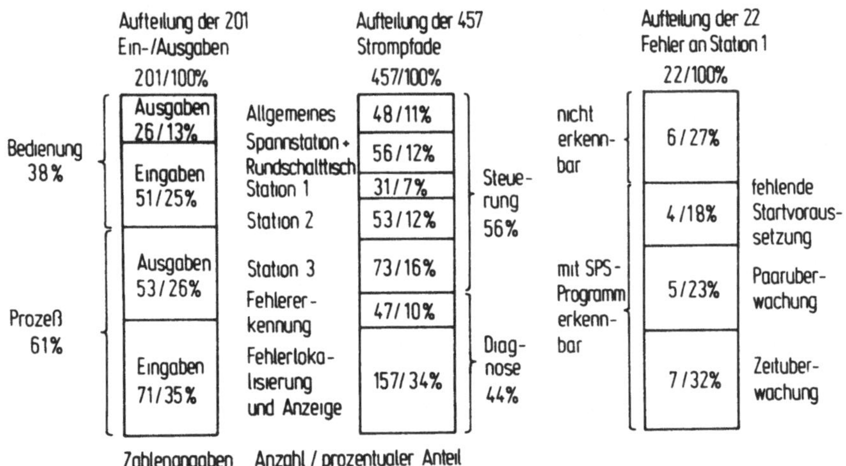

Bild 6.8: Diagnosebezogene Daten der Rundtischmaschine

Als Alternative zu der vom Maschinenhersteller gewählten Lösung wurde für das Beispiel der Station 1 die Fehlerlokalisierung und Fehleranzeige mit Hilfe eines separaten Mikrorechners, dem in Abschnitt 6.1.2 erwähnten Diagnoserechner, realisiert. Das Diagnoseprogramm ist nach der Methode "Vergleich des Steuerungszustands mit Fehlermustern" entwickelt. Beim Aufstellen der Fehlerauswirkungsmatrix zeigt sich, daß nicht in allen Fällen die Voraussetzung erfüllt ist, daß sich nach eingetretenem Fehler ein stationärer Steuerungszustand einstellt (z.B. Ausgabe für Kühlmittelventil s-a-0, Maschine läuft weiter). Aus diesem Grund kann ohne Eingriff in das SPS-Programm der Anteil der diagnostizierbaren Fehler nicht erhöht werden. Sie lassen sich mit einer 14 Testgrößen umfassenden Fehlerauswirkungsmatrix differenzieren. Als Diagnoseprogramm findet wieder das in Abschnitt 6.1.3 dargestellte Suchprogramm Verwendung. Zusammenfassend ist festzustellen, daß die Entlastung der programmierbaren Steuerung von speziellen Diagnoseroutinen und ihr Ersatz durch ein wiederverwendbares Suchprogramm, sowie die verbesserte Anzeige der Fehlerursache am Bildschirm im Klartext auch bei dieser Anwendung für die angegebene Lösung sprechen.

6.2.2 Integration von Diagnoseprogrammen in eine Meßwerterfassungs und -Auswerteeinheit (MEA) an einem Bearbeitungszentrum

Aus wirtschaftlichen Gesichtspunkten bietet es sich an, die Aufgaben der Fehlerdiagnose und des "Messens in der Maschine" /30/ gerätetechnisch zusammenzufassen, wenn für beide Aufgaben ein mit der Steuerung der Maschine gekoppelter Mikrorechner verwendet wird. Deshalb wurden an einem Bearbeitungszentrum die Fehlerlokalisierung und Fehleranzeige als Zusatzfunktionen in eine sogenannte Meßwerterfassungs- und Auswerteeinheit integriert. Hardwaremäßig sind dazu für die aus einem Mikrorechner-Kartensystem aufgebaute Einheit nur eine weitere Speicherkarte sowie eine Parallelschnittstelle zur Kopplung mit der programmierbaren Steuerung erforderlich. Das Diagnoseprogramm basiert wieder auf Fehlerauswirkungsmatrizen nach Abschnitt 4.2.3.3. Sie wurden ausgehend von dem als Funktionsplan vorliegenden SPS-Programm ermittelt, indem die zu den Fehlerklassen nach Tabelle 4.1 gehörenden charakteristischen Werte der Eingaben/Ausgaben/Merker zusammengestellt wurden. Da im SPS-Programm keine Zeitüberwachung vorhanden war, konnten zur Eingrenzung der fehlerhaften Funktionseinheit keine Oberwachungsmeldungen verwendet werden. Die Eingrenzung erfolgt deshalb durch Abfrage von Auftragsmerkern des SPS-Programms.

7 Zusammenfassung

Die automatische Fehlerdiagnose ist ein wesentliches Hilfsmittel für das Erreichen einer hohen Verfügbarkeit von Fertigungseinrichtungen. Als Teilaufgaben sind die Fehlererkennung, die Fehlerlokalisierung und die Anzeige der Fehlerursache zu nennen.

Zunächst werden die bestehenden Lösungen zur Fehlerdiagnose an Fertigungseinrichtungen analysiert. Es zeigt sich, daß es auf dem Gebiet der Diagnose steuerungsexterner Fehler nur wenige theoretische Grundlagen und überwiegend anlagenspezifische Lösungen gibt. Dies gilt insbesondere für den Bereich der Schaltfunktionen, auf die sich die folgenden Untersuchungen beschränken. Als Fehlerursachen in diesem Bereich werden die Steuerungsperipherie (Kabel, Stellglieder, Signalglieder) und die Mechanik zur Ausführung der Schaltfunktionen betrachtet.

Den Schwerpunkt der Arbeit bildet eine allgemeingültige Darstellung von Methoden, die als Grundlage für die Entwicklung von Diagnoseprogrammen dienen. Dazu wird in einem ersten Schritt ein Element definiert, aus dem sich auch sehr komplexe Funktionen, wie z.B. der Werkzeugaustausch zwischen einem Handhabungsgerät und einer Werkzeugmaschine, zusammensetzen lassen. Die Diagnosemethoden

- Fehlererkennung mittels Zeitüberwachung,
- Erkennung unzulässiger Wertekombinationen von Gebern und
- Vergleich des Steuerungszustands mit Fehlermustern

werden an diesem Element erörtert und die damit erkennbaren und lokalisierbaren Fehler abgegrenzt.

Der zweite Schritt besteht darin, die Diagnose an komplizierten Baugruppen auf die mehrmalige Anwendung obiger Methoden an den einzelnen Elementen zurückzuführen. Zu diesem Zweck werden sogenannte "verkettete Fehlerauswirkungsmatrizen" eingeführt. Auch die Frage der gerätetechnischen Realisierung der Methoden in speicherprogrammierbaren Steuerungen oder Mikrorechnern wird behandelt.

Aufbauend auf diese Ergebnisse ist es denkbar, nicht nur die Diagnose, sondern auch die methodische Entwicklung von Diagnoseprogrammen einem Rechner zu übertragen, d.h. aus einer geeigneten Steuerungsbeschreibung die Diagnoseprogramme zu generieren. Zu dieser Fragestellung, deren Vertiefung weiterführenden Arbeiten vorbehalten bleibt, werden erste Lösungsansätze erarbeitet, die auf einer Anwendung von Zustandsgraphen basieren.

Abschließend werden realisierte Diagnosehilfsmittel in einem flexiblen Fertigungssystem dargestellt, die nach den vorgestellten Methoden entwickelt sind. Die Fehlerlokalisierung erfolgt in einem separaten Mikrorechner, dessen Diagnoseprogramm auf Basis der oben erwähnten verketteten Fehlerauswirkungsmatrizen aufgebaut ist.

Die vorliegende Arbeit enthält grundlegende und anwendungsbezogene Untersuchungen für die Entwicklung von Diagnosesystemen, wobei der Schwerpunkt auf der methodischen Unterstützung der Programmentwicklung liegt. Für künftige Forschungsarbeiten bleibt die Aufgabe, einen verstärkten Rechnereinsatz für diese Tätigkeit zu ermöglichen.

Schrifttum

/1/ Stute, G. Der Einfluß neuer Steuerungsentwicklungen auf die Fertigungstechnik. wt-Z. ind. Fertig. 70 (1980) Nr. 4, S. 261...271.

/2/ Hohmann, H. Automatische Überwachung und Fehlerdiagnose an Werkzeugmaschinen. Dissertation, Technische Hochschule Darmstadt, 1977.

/3/ Isermann, R. Methoden zur Fehlererkennung für die Überwachung technischer Prozesse. VDI-Berichte Nr. 364, Düsseldorf: VDI-Verlag, 1980, S. 7...16.

/4/ - BILAS, Bildschirmanzeigesystem für Anlagenüberwachung und detaillierte Störungsdiagnose. Druckschrift der Fa. Robert Bosch GmbH., Karlsruhe.

/5/ - Werkzeugmaschinen-Diagnose-System WDS 450. Druckschrift der Fa. Siemens AG, Erlangen.

/6/ DIN 40 042 Zuverlässigkeit elektrischer Geräte, Anlagen und Systeme - Begriffe. Vornorm Juni 1970.

/7/ Dombrowski, E. Einführung in die Zuverlässigkeit elektronischer Geräte und Systeme. Berlin: AEG-Telefunken, 1970.

/8/ Autorenkollektiv Aktuelle Anforderungen an Werkzeugmaschinen: Bedienbarkeit, Sicherheit, Zuverlässigkeit, Wartung. Werkstatt und Betrieb 107 (1974) Nr. 1, S. 1...10.

/9/ Stöferle, T., Hohmann, H., Stute, G., Schwager, J. — Interne - Externe Diagnosesysteme. wt-Z. ind. Fertig. 66 (1976) Nr. 9, S. 493...496.

/10/ Baisch, R., Hellwig, F.-W. — CNC-Steuerungen zur Diagnose an Werkzeugmaschinen. Werkstatt und Betrieb 112 (1979) Nr. 1, S. 13...16.

/11/ Tietze, E. — Werkzeugmaschinensteuerung mit drei Mikrorechnern. wt-Z. ind. Fertig. 68 (1978) Nr. 6, S. 353...355.

/12/ - — Specifications Mark Century 1050T. Druckschrift der Firma General Electric Germany, Frankfurt.

/13/ Wolf, G. — PC-Programme für Diagnose und Wartung an Werkzeugmaschinen. VDI-Berichte Nr. 327, Düsseldorf: VDI-Verlag, 1978, S. 54...55.

/14/ Hall, P. — System zur Ferndiagnose-Kommunikation. Werkstatt und Betrieb 111 (1978) Nr. 8, S. 487...490.

/15/ Stute, G. (Herausgeber) — Regelung an Werkzeugmaschinen. München, Wien: Hanser Verlag, 1981.

/16/ Neff, A., Bornhorst, H. — SIMATIC S3 als Steuerung für Transferstraßen. Siemens-Zeitschrift 49 (1975) Nr. 6, S. 363...367.

/17/ Kopp, H. — Fehlererfassung und Fehlerdiagnose an hochautomatisierten Fertigungseinrichtungen. Tagungsband "Automatische Überwachung fertigungstechnischer Prozesse",

16. März 1978, S. 55...73, Technische Hochschule Darmstadt.

/18/ Jung, P., Wermuth, G. Diagnosesysteme an Sonder-Werkzeugmaschinen. Werkstatt und Betrieb 113 (1980) Nr. 3, S. 147...149.

/19/ Warnecke, H.J., Eißler, W. Maschinenzustandsüberwachung durch Taktzeitanalyse. wt-Z. ind. Fertig. 71 (1981) Nr. 3, S. 133...136.

/20/ Eißler, W. Taktzeitanalyse in der Praxis. wt-Z. ind. Fertig. 72 (1982) Nr. 2, S. 95...98.

/21/ Weggen, E. System-Diagnose. Werkstatt und Betrieb 111 (1978) Nr. 8, S. 515...517.

/22/ Leonards, F. Speicherprogrammierbare Steuergerate in Produktionsanlagen des Automobilbaus. VDI Berichte Nr. 396, Düsseldorf: VDI-Verlag, 1981, S. 47...53.

/23/ Kopp, H. Kriterien und Methoden für die Überwachung hochautomatisierter Fertigungseinrichtungen. VDI-Berichte Nr. 364, Düsseldorf: VDI-Verlag, 1980, S. 69...74.

/24/ Eißler, W. Automatische Überwachung einer Fertigungslinie. ZwF 75 (1980) Nr. 8, S. 384...387.

/25/ Matull, E. Unterstützung der Instandhaltung hochautomatisierter verketteter Anlagen durch Fehlerdiagnose-Systeme. ZwF 77 (1982), Nr. 1, S. 25...27.

/26/ Waller, S. Internationaler Stand von Steuerungstechnik und technischer Informationsverarbeitung. Tagungsband Fertigungstechnisches Kolloquium FTK 82, Stuttgart, 7./8. 10. 1982.

/27/ Weck,M., Pascher, M. Maschinendiagnose in der automatisierten Fertigung. Annals of the CIRP, Vol. 31, Januar 1982, S. 287...291.

/28/ Ehlers, D. u.a. Überwachen und Prüfen im maschinennahen Bereich. ZwF 77 (1982) Nr. 1, S.10...15.

/29/ Stute, G., Storr, A., Schwager, J. Bedienung und Überwachung bei automatischen Fertigungseirichtungen. Tagungsband Internationaler Kongress für Metallbearbeitung IKM 82, Leipzig, 10./11. März 1982.

/30/ Kohler, P. Rechnergeführte Meßwerterfassung und -auswertung in der Bearbeitungsmaschine. Essen: Girardet-Verlag, HGF-Kurzberichte (Lose-Blatt-Sammlung) 80/13.

/31/ Schützenauer, H.-D. Einsatzerfahrungen und Anforderungen an Programmierbare Steuerungen (PC) in der Automobilindustrie. VDI-Berichte Nr. 327, Düsseldorf: VDI-Verlag, 1978, S. 123...125.

/32/ Grendelmeier, G. Diagnosemöglichkeiten und Fehlerbehebung. Technische Rundschau 37 (1982) Nr. 9, S.215...217.

/33/ DIN 40 719 Schaltungsunterlagen. März 1977.

/34/ Görke, W. Fehlerdiagnose digitaler Schaltungen. Stuttgart, Teubner, 1973.

/35/ Janning, W. PC-Steuerungen mit überwachten Eingängen und Ausgängen. Technisch-wissenschaftliche Veröffentlichung VER 27-665 der Fa. Klöckner-Moeller, Bonn.

/36/ Herrscher, A. Flexible Fertigungssysteme: Entwurf und Realisierung prozeßnaher Steuerungsfunktionen. ISW 35. Berlin, Heidelberg, New York: Springer Verlag 1982.

/37/ König, H. Beitrag zur Strukturanalyse und zum Entwurf von Steuerungen für Fertigungseinrichtungen. ISW 13. Berlin, Heidelberg, New York: Springer Verlag 1976.

/38/ Heck, K.-P., Rieger, K.-H., Schimmele, A. Rechnerunterstützter Entwurf von Funktionssteuerungen. Essen: Girardet-Verlag, HGF-Kurzberichte (Lose-Blatt-Sammlung) 78/24.

/39/ Stute, G., Schwager, J. Grundlagen zur Anwendung von Mikrorechnern zur Fehlerdiagnose an Fertigungseinrichtungen. 13th Proceedings of CIRP International Seminar on Manufacturing Systems. Leuven/Belgien, Juni 1981.

/40/ Stute, G., Rieger, K.-H., Schimmele, A. Rechnerunterstützter Entwurf elektrischer Steuerungen für Fertigungseinrichtungen. Kernforschungszentrum Karlsruhe, Bericht KfK-CAD 154, Februar 1980.

/41/ Gottschalk, W. Petri-Netze in der Eisenbahnsignaltechnik. Signal + Draht 69 (1977) Nr. 8, S. 171...179.

/42/ O'Connel, E. Monitoring a Transfer Line with a Process Computer. Control Engineering 18 (1971) Nr. 8, S. 56...58.

/43/ Takata, S., Schwager, J. An Automatic Diagnostic Program Generator for Sequentially Controlled Machines. Angewandte Informatik 24 (1982) Nr. 8, S. 421...429.

/44/ Fleckenstein, J. Grapheninterpreter für die Abarbeitung von Funktionssteuerprogrammen in Mikroprozessorsteuerungen. Essen: Girardet-Verlag, HGF-Kurzberichte (Lose-Blatt-Sammlung) 82/40.

/45/ Herrscher, A. Steuerdatenabarbeitung in einem Steuersystem für flexible Fertigungssysteme: Essen: Girardet-Verlag, HGF-Kurzberichte (Lose-Blatt-Sammlung) 76/94.

/46/ Schwager, J. Externe Diagnosesysteme für PC-gesteuerte Maschinen. Essen: Girardet-Verlag, HGF-Kurzberichte (Lose-Blatt-Sammlung) 80/9.

/47/ Stute, G., Storr, A., Grossmann, B., Renn, W., Schwager, J. Steuersystem für ein flexibles Fertigungssystem mit integriertem Werkzeugfluß. 14th Proceedings of CIRP International Seminar on Manufacturing Systems. Trondheim/Norwegen, Juli 1982.

Berichte aus dem Institut für Steuerungstechnik der Werkzeugmaschinen und Fertigungseinrichtungen der Universität Stuttgart

Herausgegeben von Prof. Dr.-Ing. G. Stute †

Erschienen:

ISW 1: D. Schmid, Numerische Bahnsteuerung, 89 S., 1972

ISW 2: H. Schwegler, Fräsbearbeitung gekrümmter Flächen, 111 S., 1972

ISW 3: J. Eisinger, Numerisch gesteuerte Mehrachsenfräsmaschinen, 90 S., 1972

ISW 4: R. Nann, Rechnersteuerung von Fertigungseinrichtungen, 125 S., 1972

ISW 5: G. Augsten, Zweiachsige Nachformeinrichtungen, 140 S., 1972

ISW 6: B. Karl, Die Automatisierung der Fertigungsvorbereitung durch NC-Programmierung, 121 S., 1972

ISW 7: H. Eitel, NC-Programmiersystem, 117 S., 1973

ISW 8: E. Knorr, Numerische Bahnsteuerung zur Erzeugung von Raumkurven auf rotationssymmetrischen Körpern, 131 S., 1973

ISW 9: S. Bumiller, Viskohydraulischer Vorschubantrieb, 123 S., 1974

ISW 10: K. Maier, Grenzregelung an Werkzeugmaschinen, 139 S., 1974

ISW 11: J. Waelkens, NC-Programmierung, 159 S., 1974

ISW 12: E. Bauer, Rechnerdirektsteuerung von Fertigungseinrichtungen, 138 S., 1975

IWS 13: H. König, Entwurf und Strukturtheorie von Steuerungen für Fertigungseinrichtungen, 206 S., 1976

ISW 14: H. Damshon, Fünfachsiges NC-Fräsen, 143 S., 1976

ISW 15: H. Jetter, Programmierbare Steuerungen, 141 S., 1976

ISW 16: H. Henning, Fünfachsiges NC-Fräsen gekrümmter Flächen, 179 S., 1976

ISW 17: K. Boelke, Analyse und Beurteilung von Lagesteuerungen für numerisch gesteuerte Werkzeugmaschinen, 106 S., 1977

ISW 18: F.-R. Götz, Regelsystem mit Modellrückkopplung für variable Streckenverstärkung, 116 S., 1977

ISW 19: H. Tränkle, Auswirkungen der Fehler in den Positionen der Maschinenachsen beim fünfachsigen Fräsen, 103 S., 1977

ISW 20: P. Stof, Untersuchungen über die Reduzierung dynamischer Bahnabweichungen bei numerisch gesteuerten Werkzeugmaschinen, 118 S., 1978

ISW 21: R. Wilhelm, Planung und Auslegung des Materialflusses flexibler Fertigungssysteme, 158 S., 1978

ISW 22: N. Kappen, Entwicklung und Einsatz einer direkten digitalen Grenzregelung für eine Fräsmaschine mit CNC, 123 S., 1979

ISW 23: H. G. Klug, Integration automatisierter technischer Betriebsbereiche, 124 S., 1978

ISW 24: D. Binder, Interpolation in numerischen Bahnsteuerungen, 132 S., 1979

ISW 25: O. Klingler, Steuerung spanender Werkzeugmaschinen mit Hilfe von Grenzregeleinrichtungen (ACC), 124 S., 1979

ISW 26: L. Schenke, Auslegung einer technologisch-geometrischen Grenzregelung für die Fräsbearbeitung, 113 S., 1979

ISW 27: H. Wörn, Numerische Steuersysteme-Aufbau und Schnittstellen eines Mehrprozessorsteuersystems, 141 S., 1979

ISW 28: P. B. Osofisan, Verbesserung des Datenflusses beim fünfachsigen NC-Fräsen, 104 S., 1979

ISW 29: J. Berner, Verknüpfung fertigungstechnischer NC-Programmiersysteme, 101 S., 1979

ISW 30: K.-H. Böbel, Rechnerunterstütze Auslegung von Vorschubantrieben, 113 S., 1979

ISW 31: W. Dreher, NC-gerechte Beschreibung von Werkstücken in fertigungstechnisch orientierten Programmsystemen, 105 S., 1980

ISW 32: R. Schurr, Rechnerunterstützte Projektierung hydrostatischer Anlagen, 115 S., 1981

ISW 33: W. Sielaff, Fünfachsiges NC-Umfangsfräsen verwundener Regelflächen. Beitrag zur Technologie und Teileprogrammierung, 97 S., 1981

ISW 34: J. Hesselbach, Digitale Lageregelung an numerisch gesteuerten Fertigungseinrichtungen, 111 S., 1981

ISW 35: P. Fischer, Rechnerunterstützte Erstellung von Schaltplänen am Beispiel der automatischen Hydraulikplanzeichnung, 111 S., 1981

ISW 36: U. Ackermann, Rechnerunterstützte Auswahl elektrischer Antriebe für spanende Werkzeugmaschinen, 118 S., 1981

ISW 37: W. Döttling, Flexible Fertigungssysteme – Steuerung und Überwachung des Fertigungsablaufs, 105 S., 1981

ISW 38: J. Firnau, Flexible Fertigungssysteme – Entwicklung und Erprobung eines zentralen Steuersystems, 112 S., 1982

ISW 39: A. Herrscher, Flexible Fertigungssysteme – Entwurf und Realisierung prozeßnaher Steuerungsfunktionen, 103 S., 1982

ISW 40: U. Spieth, Numerische Steuersysteme – Hardwareaufbau und Ablaufsteuerung eines Mehrprozessorsteuersystems, 115 S., 1982.

ISW 41: A. Schimmele, Rechnerunterstützter Entwurf von Funktionssteuerungen für Fertigungseinrichtungen, 106 S., 1982

ISW 42: M. Sanzenbacher, NC-gerechte Beschreibung von Werkstücken mit gekrümmten Flächen, 105 S., 1982.

ISW 43: W. Walter, Interaktive NC-Programmierung von Werkstücken mit gekrümmten Flächen, 112 S., 1982.

ISW 44: J. Huan, Bahnregelung zur Bahnerzeugung an numerisch gesteuerten Werkzeugmaschinen, 95 S., 1982.

ISW 45: H. Erne, Taktile Sensorführung für Handhabungseinrichtungen – Systematik und Auslegung der Steuerungen, 111 S., 1982.

ISW 46: D. Plasch, Numerische Steuersysteme – Standardisierte Softwareschnittstellen in Mehrprozessor-Steuersystemen, 112 S., 1983

ISW 47: Z. L. Wang, NC-Programmierung – Maschinennaher Einsatz von fertigungstechnisch orientierten Programmiersystemen, 103 S., 1983

ISW 48: J. Schwager, Diagnose steuerungsexterner Fehler an Fertigungseinrichtungen, 121 S., 1983

Springer-Verlag
Berlin · Heidelberg · New York · Tokyo